我的动物
科普书

方瑛 编著

企业管理出版社
ENTERPRISE MANAGEMENT PUBLISHING HOUSE

图书在版编目（CIP）数据

我的动物科普书 / 方瑛编著. –– 北京：企业管理
出版社, 2014.7

ISBN 978-7-5164-0891-9

Ⅰ.①我… Ⅱ.①方… Ⅲ.①动物—青少年读物
Ⅳ.①Q95-49

中国版本图书馆CIP数据核字(2014)第133602号

书名：**我的动物科普书**

作者：方瑛

责任编辑：宋可力

书号：ISBN 978-7-5164-0891-9

出版发行：**企业管理出版社**

地址：北京市海淀区紫竹院南路17号　邮编：100048

网址：http://www.emph.cn

电话：编辑部（010）68701408　发行部（010）68701638

电子信箱：80147@sina.com　zbs@emph.cn

印刷：北京博艺印刷包装有限公司

经销：新华书店

规格：710mm×1000mm　1/16　5.75 印张　95千字

版次：2014年7月第1版　2014年7月第1次印刷

定价：29.90元

目 录

1. "物以类别"，动物类别知多少

妈妈，世界上有那么多的动物，它们要怎样分类呢?

爸爸，原来有好多完全不像的动物竟然是一类，这太神奇了。动物有哪些类别呢?

由来历史

在动物"大家庭"中，大约有150多万个种类。面对这样多的动物，若没有一个统一的科学的标准将它们区分开，人类对动物的认识将陷于杂乱无章的境地，无法对动物进行调查和研究，更谈不上充分利用动物资源和防治有害动物了。动物是怎样分类的，又分成哪些类群呢?

各种不同的动物，甚至于同种动物的不同个体都有许多不同的形态，但同一类群的动物往往有许多相似之处。动物学家则根据这些动物之间相同、相异的程度，亲缘关系的远近，使用不同的等级特征，将动物逐级分成许多类群。"种"是最小的类群，也是分类的基本单位。此种分类法结论以动物形态上或解剖上的相似性和差异性为基础，以古生物学、比较胚胎学、比较解剖学上的许多结论为依据，基本反映了动物"大家族"中自然的类缘关系，因此，被称为自然分类系统。

趣味故事

随着现代化新设备、新技术、新观念的发展，尤其是电子计算机的应用，大大加速了分类学数据的处理，而通过学科的渗透，分类学中又建立了新的标准。例如：根据某些蛋白质类型的不同来区别同种生物；根据决定生物特征的遗传物质DNA的差异来区分生物；根据免疫学标准及行为学标准等来确定生物间相互关系。

动物的不同类群之间亲缘关系有远有近，我们根据动物亲缘关系的远近，把各门动物的关系排列成"系统树"，这就像动物界的"大家谱"，"树"的下方的动物较为原始，"树"的上方的动物较为高等。

动物的亲缘关系就是动物的演化关系，由此可见，动物是从简单到复杂，从低级到高级，经过漫长的时间变化发展而成的。通过比较解剖学、胚胎学的例证和生理、生化的例证都可以间接地证明这一点。但最直接的论证则是古生物学——化石的例证。人们根据埋藏在地层中的生物化石遗骸，就可以把地球上出现生命以来动、植物发展变化的历程基本查证清楚。

科学统计

草覆虫

目前，动物界一共分为20余门，其中主要的有以下几门：

原生动物门，如草覆虫、变形虫。它们的身体十分微小，为单细胞动物，一般必须用显微镜才能看到，但它们的分布却很广泛。

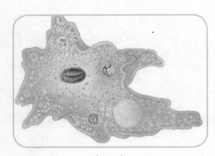
变形虫

毛壶

多孔动物门，如浴海绵、毛壶等。它们多数生活在海水中，成体附着在水中岩石、贝壳、水生植物或其他物体上，是最原始的、最低等的多细胞动物。

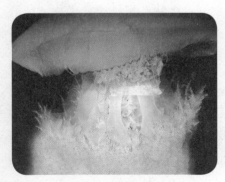
海蜇

美丽的珊瑚

腔肠动物门，如海蜇、珊瑚等。它们有辐射对称的体型，体壁有两个分化的胚层，有原始的消化腔、原始的神经系统及分化的组织，在动物进化过程中占有重要的位置。

扁形动物门，如涡虫、血吸虫等。它们的身体不分体节，两侧对称，三胚层，无体腔，背腹扁平。以自由生活或寄生生活为主。

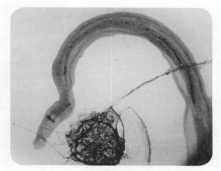

线形动物门，如蛔虫、钩虫和线虫等。这类动物在自然界中分布极广，靠寄生生活或自由生活与寄生生活兼有。身体结构显然比前面几门动物要高等，有三个胚层，出现了原体腔。

血吸虫

环节动物门，如蚯蚓、沙蚕等。它们都具有两侧对称体型，三个胚层，身体分体节，具有真体腔等特征。

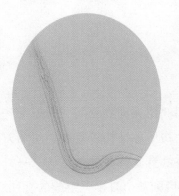

钩虫

沙蚕

软体动物门，如田螺、蜗牛、乌贼等。这些动物与其他类群最明显的区别是：身体柔软，不分节，由头、足及内脏三部分组成，身体外有硬壳或退化为内壳藏于外套膜下。

节肢动物门，如虾、蜘蛛、昆虫等。节肢动物身体不仅分节，而且还分头、胸、腹三部分。在身体两侧还有分节的附肢，体外有外骨骼，常在生长发育过

软体动物蜗牛

程中出现蜕皮现象。

棘皮动物门，如海参、海星、海胆等。棘皮动物无头部、体部，成体呈辐射对称，而幼体则是两侧对称，这说明棘皮动物成体的辐射对称体型是适应围着或不大活动的生活方式次生形成的。

节肢动物虾

长满刺的海胆

棘皮动物海参

脊索动物门，又分为头索动物亚门、尾索动物亚门、脊椎动物亚门。脊索动物门是最大最高等的一个门。这类动物形态结构较复杂，生活方式多样，差异很大。它们最主要的共性是身体背部都有支持身体的结构——脊索。脊椎动物亚门的动物在胚胎期有脊索，长大以后则被由脊椎骨组成的脊柱所取代。

2. 我是蚂蚁，我为"建筑师"代言

你们知道吗

妈妈，什么动物是最好的建筑师啊？

爸爸，原来蚂蚁那么能干啊，你给我讲讲蚂蚁的特性吧。

由来历史

蚂蚁是社会性很强的昆虫，彼此通过身体发出的信息素来进行交流沟通。

当蚂蚁找到食物时，会在食物上撒布信息素，别的蚂蚁就会本能地把有信息素的东西拖回洞里去。当蚂蚁死掉后，它身上的信息素依然存在，当有别的蚂蚁路过时，会被信息素吸引，但死蚂蚁不会像活的蚂蚁那样跟对方交流信息，于是它带有信息素的尸体就会被同伴当成食物搬运回去。

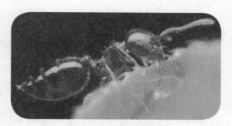

蚂蚁是社会性很强的昆虫

通常情况下，死蚂蚁的尸体不会被当成食物吃掉，因为除了信息素以外，每一窝的蚂蚁都有自己特定的识别气味，有相同气味的东西不会受到攻击，这就是同窝的蚂蚁可以很好协作的基础。

蚂蚁在行进的过程中，会分泌一种信息素，这种信息素会引导后面的蚂蚁走相同的路线。如果我们用手划过蚂蚁的行进队伍，干扰了蚂蚁的信息素，蚂蚁就会失去方向感，到处乱爬。所以，我们不要随便干扰它们。

蚂蚁能生活在任何有它们生存条件的地方，是世界上抗击自然灾害能力最强的生物。它们也喜欢潮湿温暖的土壤。它们通常生活在干燥的地区，但鲜为人知的是，它们能勉强在水中存活两个星期。

蚂蚁绝对是建筑专家，蚁穴内有许多分室，这些分室各有用处。在沙漠中有一种蚂蚁，建的窝远看就如一座城堡，有4.5米之高。那些窝废弃之后，就会被一些动物拿来当自己的窝了，它们的4.5米就相当于人类的4500米。

蚂蚁一般都会在地下筑巢，地下巢穴的规模非常大。它有着良好的排水、通风措施。一般工蚁负责建造巢穴。而出入口大多是一个拱起的小土丘，像火山那样中间有个洞。巢穴里也有用来通风的洞口。巢穴里的每个房间都有明确分类。

蚂蚁交尾后不久死亡，留下"遗孀"蚁后独自过着孤单生活。蚁后脱掉翅膀，在地下选择适宜的土质和场所筑巢。她"孤家寡人"，力量有限，只能暂时造一小室，作为安身之地，并使已"受孕"的身体有个产房。待体内的卵发育成熟产出后，小幼虫孵化出世，蚁后就忙碌起来。每个幼蚁的食物都由她嘴对嘴地喂养，直到这些幼蚁长大发育为成蚁，并可独立生活时为止。当第一批工蚁长成时，它们便挖开通往外界的洞口去寻找食物，随后又扩大巢穴建筑面积，为越来越多的家族成员提供住房。自此以后，饱受艰苦的蚁后就坐享清福，成为这个群体大家族的统帅。抚育幼蚁和喂养蚁后的工作均由工蚁承担。但蚁后还要继续产卵，以繁殖大家族。

蚂蚁筑巢有各种形式，大多数在地下土中筑巢，挖有隧道、小室和住所，并将掘出的物质及叶片堆积在入口附近，形成小丘状，起保护作用。也有的蚁用植物叶片、茎秆、叶柄等筑成纸样巢挂在树上或岩石间。还有的蚁生活在林

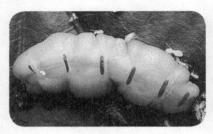
胖胖的蚁后

蚁卵和幼蚁

区朽木中。更为特殊的是，有的蚁将自己的巢筑在别的种类蚁巢之中或旁边；而两"家"并不发生纠纷，能够做到和睦相处。这种蚁巢叫做混合性蚁巢，实为异种共栖。无论不同的蚁类或同种的蚁，其一个巢内蚁的数目均可有很大的差别。最小的群体只有几十只或近百只蚁，也有的几千只蚁，而大的群体可以有几万只，甚至更多的蚁。

趣味故事

有一种名叫蓄奴蚁的，专干掠夺别的蚂蚁来做自己奴隶的勾当。它们先派

蓄奴蚁

出几个蚂蚁去侦察，当发现别的蚁巢后，就冲进去杀死守卫的兵蚁，然后从腹部分泌出一种信息激素，大队蓄奴蚁便蜂拥而来，专门抢劫蚁蛹，叼上一个就往回跑。当这些被掠来的蛹孵化成蚁后，不认得回去的路，只能给蓄奴蚁当奴隶了。这些可怜的蚂蚁奴隶专门从事搬运食物、建筑仓库、修巢铺路、挖掘地道等工作，还有的则在育儿室里当"保姆"，为主人饲养小蓄奴蚁或孵化劫掠来的普通蚁蛹。这些蚂蚁奴隶从不反抗，忍辱负重地干活，直至死亡。

有一种棕纹蓝眼斑碟的幼虫，能分泌出令蚂蚁垂

涎的甜汁。当蚂蚁在路上遇到这种毛虫时，就用触须刺它一下，毛虫被刺后便装死躺下了。于是，蚂蚁立即发出信息激素，招来了自己的同伴，大家齐心协力，你推我拉地把这条肥肥的毛虫拖回了蚁穴。一顿美餐开宴了，全窝蚂蚁从四面八方爬上毛虫躯体，伸长触须，贪婪地吸吮着毛虫肚子上分泌出来的甜汁。奇怪的事发生了，不一会儿，只见蚂蚁们像醉鬼一样，一个个都醉倒了。而那条毛虫并没有死去，相反，它在蚁巢里找到了所需要的食物——蚂蚁的幼虫和卵，趁着蚂蚁醉倒之际，它美美地饱餐一顿。几天后，毛虫变成了蛹，又化作蝴蝶从蚁巢里飞走了。而蚂蚁却因贪食甜汁而开门揖盗，醉倒之后又听任毛虫吞掉自己的儿女，弄得家破人亡。

在南美洲的热带丛林里，有一种食肉游蚁，能向毒蛇发起进攻。热带丛林里毒蛇很多，但蚂蚁更多。当食肉游蚁碰到在草丛中睡觉的毒蛇时，它们立即蜂拥而上，把毒蛇团团包围起来，步步紧逼。一接触到蛇的身体，一些游蚁就发起进攻，狠狠地咬住不放。毒蛇被剧烈的疼痛惊醒后，开始自卫反击，向四周猛冲猛撞，企图突出重围。但寡不敌众，黑压压的蚁群把蛇叮得满身都是，和毒蛇扭成了一团，它们还边咬边吞食蛇肉。几小时后，地上就只剩下一条细长的蛇骨架了。

食肉游蚁

科学统计

蚂蚁为什么会有比自身大很多倍的力气？蚂蚁是动物界的小动物，可是它有很大的力气。如果你称一下蚂蚁的体重和它所搬运物体的重量，你就会感到十分惊讶。它所举起的重量竟超过它的体重差不多有100倍！

世界上从来没有一个人能够举起超过他本身体重3倍的重量，从这个意义上说，蚂蚁的力气比人的力气大得多了。这个大力士的力量是从哪里来的呢？看来，这似乎是一个有趣的"谜"。科学家进行了大量实验研究后，终于揭穿了这个"谜"。

原来，蚂蚁脚爪里的肌肉是一个效率非常高的"原动机"，比航空发动机的效率还要高好几倍，因此，能产生相当大的力量。我们知道，任何一台发动机都需要有一定的燃料，如汽油、柴油、煤油或其他重油。但是，供给

"肌肉发动机"的是一种特殊的燃料。这种"燃料"并不燃烧，却同样能够把潜藏的能量释放出来转变为机械能。不燃烧也就没有热损失，效率自然就大大提高。化学家们已经知道了这种特殊"燃料"的成分，它是一种十分复杂的磷的化合物。这就是说，在蚂蚁的脚爪里藏有几十亿台微妙的小电动机作为动力。这个发现激起了科学家们的一个强烈愿望——制造类似的"人造肌肉发动机"。

从发展前途来看，如果把蚂蚁脚爪那样有力而灵巧的自动设备用到技术上，那将会引起技术的根本变革，那时电梯、起重机和其他机器的面貌将焕然一新。现在我们用的起重机一般也是靠电动机工作的，但作功的效率比起蚂蚁来可差远了。为什么呢？因为火力发电要靠烧煤，使水变成蒸汽，蒸汽推动叶轮，带动发电机发电。这中间经过了将化学能变为热能，热能变成机械能，机械能变成电能这么几个过程。在这些过程中，燃烧所产生的热能，有一部分白白地跑掉了，有一部分因为要克服机械转动所产生的摩擦力而消耗掉了，所以，这种发动机效率很低，只有30%~40%。而蚂蚁"发动机"利用肌肉里的特殊"燃料"直接变成电能，损耗很少，所以，效率很高。人们从蚂蚁"发动机"中得到启发，制造出了一种将化学能直接变成电能的燃料电池。这种电池利用燃料进行氧化还原反应直接发电。它没有燃烧过程，所以，效率很高，达到70%~90%。

3. 土壤肥沃全靠我，我是蚯蚓，我为农业代言

你们知道吗

妈妈，那种长长的，用来钓鱼的虫子是什么啊？
爸爸，原来蚯蚓不仅可以用来钓鱼啊，它还有什么作用呢？

由来历史

蚯蚓是一种低等的环节动物。蚯蚓有头、有尾、有口腔、肠胃和肛门，身体两侧对称，具有分节现象；没有骨骼，在体表覆盖一层具有色素的薄角质层。除了身体前两节之外，其余各节均具有刚毛。蚯蚓的整个身体就像由两条两头尖的"管子"套在一起组成的，外面一层是一环连起来的体壁，其中有由

中胚层细胞组成的肌肉系统，体内便是一条消化道，从头到尾贯穿在一层层的隔膜中间。在内外两条"管子"之间，被体腔液充满着。目前已知蚯蚓有200多种，生物学家达尔文称蚯蚓为地球上最有价值的动物。

蚯蚓为雌雄同体，但需行异体受精。交配时两条蚯蚓互抱，并分泌黏液使双方的腹面黏住，各排出精子输入对方受精囊内。交配后两个个体分开，形成蚓茧，蚯蚓自蚓茧向后退出。

蚯蚓生活在土壤中，昼伏夜出，以腐败有机物为食，连同泥土一同吞入，也摄食植物的茎叶等碎片。

受精后的蚓茧

蚯蚓为次生体腔，很宽广，内脏器官位于其中。体腔内充满体腔液。含有淋巴细胞、变形细胞、粘液细胞等体腔细胞。蚯蚓的肌肉属斜纹肌，一般占全身体积的40%左右，肌肉发达、运动灵活。当肌肉收缩时，体腔液即受到压力，使蚯蚓体表的压力增强，身体变得很饱满，有足够的硬度和抗压能力。且体表富粘液，湿润光滑，可顺利地在土壤中穿行运动。

蚯蚓在土壤里活动，使土壤疏松，空气和水分可以更多地深入土中，有利于植物生长，能够起到改良土壤的作用。蚯蚓吃进的腐烂有机物和大量土粒，经过消化形成粪便排出体外，其中含有丰富的氮、磷、钾等养分。

蚯蚓的消化系统惊人，能分泌出一种分解木纤维的酶。因而一些杂草木屑、兽骨鱼刺、蛋壳果皮、破布烂纸等能够腐烂的有机废物和生活垃圾以及其他污物都成为它们口中的美味佳肴，并可转化为有机肥料。

由于蚯蚓的掘地性和杂食性，每年每公顷土地内的蚯蚓排出的蚓粪就可以达到几十吨至几百吨。富含腐殖质的蚓粪是植物生长的极好肥料。蚯蚓的活动还可以改良土壤，加速分解土壤中的有机物，恢复和保持土壤的生态平衡。此外，蚯蚓在处理垃圾中的有机废物，降解环境中的污染物和为人类提供蛋白质新来源等方面都日益受到人们的重视。

蚯蚓可谓是忠实的"环境卫士"。人们越来越认识到蚯蚓在农业、林业、牧业生产上的重要性和对环境保护的特殊作用。

但是，人类对土壤的污染和对水的污染会给蚯蚓的生活环境造成极大危害，威胁到蚯蚓的生命。

当蚯蚓被切成两段时，在温度、pH和杀菌等适宜的条件下，断面上的肌肉组织立即收缩，一部分肌肉便迅速自己溶解，形成新的细胞团，同时白血球聚集在切面上，形成栓塞，使伤口迅速闭合。位于体腔中隔里的原生细胞迅速迁移到切面上来与自己溶解的肌肉细胞一起，在切面上形成结节状的再生芽。与此同时，体内的消化道、神经系统、血管等组织的细胞，通过大量的有丝分裂，迅速地向再生芽里生长。就这样，随着细胞的不断增生，缺少头的一段的切面上会长出一个新的头来，缺少尾巴那一段的切面上会长出一条尾巴来。这样一条蚯蚓就变成了两条完整的蚯蚓。

科学统计

蚯蚓对人类的益处很多，1亿条蚯蚓一天就可吞食40吨有机废物。

最短的蚯蚓：据目前所知，只有0.5毫米长。

最长的蚯蚓：1937年，有一则报道，人们在非洲一个叫屈兰斯瓦尔的地方捕到一条长6.71米的巨蚯蚓。

蚯蚓

能吃金属的蚯蚓：2008年，科学家在英国一处废弃的矿井中发现了一种能吃金属的蚯蚓。

有香味的蚯蚓：2006年，科学家在美国华盛顿州发现有百合花香的巨蚯。

4. 我是世界上牙齿最多的动物，我是蜗牛

你们知道吗

妈妈，你知道世界上牙齿最多的动物是什么吗？

爸爸，蜗牛可以吃吗？世界上最常见的蜗牛有哪几种呢？

蜗牛

由来历史

　　蜗牛是最常见的陆生贝壳类软体动物之一，从旷古遥远的年代开始，蜗牛就已经生活在地球上了。蜗牛爱栖息于潮湿地区，头上两对触角，后一对顶端长有眼睛，头似牛头，又因它经常把窝背在身上行动，故名蜗牛。

　　蜗牛一般昼状夜出，生活在比较潮湿的地方，白天多潜伏于杂草丛生、树木葱郁、农作物繁茂的阴暗潮湿环境，以及腐殖质多而疏松的土壤里或藏在枯枝、落叶层和洞穴中。若遇地面干燥或大瀑雨后，蜗牛往往爬到树干、作物茎和叶子背面。它们生活在森林、灌木、果园、菜园、农田、公园、庭园、寺庙、高山、平地、丘陵等地。

　　在寒冷地区生活的蜗牛会冬眠，在热带生活的蜗牛旱季也会休眠，休眠时分泌出的黏液形成一层干膜封闭壳口，全身藏在壳中，当气温和湿度合适时就会出来活动。

龟

　　蜗牛是雌雄同体的，有的种类可以独立生殖，但大部分种类需要两个个体交配，互相交换精子。普通蜗牛将卵产在潮湿的泥土中，一般两到四周后小蜗牛就会破土而出。一次可产100个卵。

　　蜗牛主要以植物为食，特别喜欢吃作物的细芽和嫩叶。令人难以相信的是蜗牛牙齿特多，名列世界第一。这些牙小得用肉眼看不清，但却像一把锉刀，能咬穿地下穴道，挖掘地下隧道。蜗牛的天敌很多，鸡、鸭、鸟、蟾蜍、龟、蛇、刺猬都会以蜗牛作为食物。

　　蜗牛在各种文化中的象征意义也不相同，在中国蜗牛象征缓慢、落后；在西欧则象征顽强和坚持不懈；有的民族以蜗牛的行动预测天气，苏格兰人认为如果蜗牛的触角伸得很长，就意味着明天有一个好天气。

趣味故事

　　帕金森氏症是由于大脑黑质细胞逐步退化，并停止分泌神经传导物质多巴胺所造成的。它的主要症状为肌肉僵直，手足震颤。研究发现，哺乳动物对软体动物组织的排异能力很弱。研究人员将蜗牛的神经组织植入老鼠脑内，其相互兼容的时间可长达6个月以上。于是，俄罗斯科学院高级神经活动和神经生理学研究人员尝试用蜗牛等软体动物的神经组织治疗帕金森氏症。经过技术改进，他们已能使蜗牛神经组织与患有帕金森氏症老鼠的脑组织融合在一起，并使受损的老鼠的脑功能逐步恢复。目前，已经开始试验性临床治疗。

科学统计

蜗牛遍及世界各地，种类很多，约25000多种，如华蜗牛、葡萄蜗牛、玛瑙蜗牛、庭园蜗牛（散大蜗牛）。世界上最大的蜗牛是玛瑙蜗牛，也称为非洲大蜗牛。不同种类的蜗牛体形大小各异，通常蜗牛的螺壳长约6～8厘米，宽约3～4厘米，重50克以上。非洲大蜗牛可长达30厘米，在北方野生的种类一般只有不到1厘米。一般蜗牛可以活2～3年，最长可达7年。

玛瑙蜗牛

蜗牛的口腔虽然不大，但口内排有135排牙齿，每排有105颗，总共有14175颗牙。

5. 我小，但我不是昆虫，我是蜘蛛

你们知道吗

妈妈，你知道吗？原来蜘蛛不是昆虫啊！

爸爸，蜘蛛为什么不是昆虫呢？我有点害怕那种东西，你能告诉我蜘蛛的事情吗？

蜘蛛

由来历史

蜘蛛是一种节肢动物，具有很强的适应性，几乎能在任何角落生活，在水、陆、空都有蜘蛛的踪迹。所以，它们在世界上种类很多，分布广泛。

蜘蛛网

世界上现存的蜘蛛按照生活及捕食方式，可以大致分成两种：一种是结网性蜘蛛，一种是徘徊性蜘蛛。结网性蜘蛛的最主要特征是它的结网行为。蜘蛛通过丝囊尖端的突起分泌粘液，这种粘液一遇空气即可凝成很细的丝。以丝结成的网具有高度的粘性，是蜘蛛的主要捕食手段。对粘上网的昆虫，蜘蛛会先对猎物注入一种特殊的液体消化酶。这种消化酶能使昆虫昏迷、抽搐直至死亡，并使肌体发生液化，液化后蜘蛛以吮吸的方式进食。

可为什么蜘蛛在结网过程中不会粘住自己呢？原来蜘蛛的腿跟部位分泌一

徘徊性蜘蛛——三角蟹蛛

种特殊的油状液体，正是这种液体的润滑作用，让蜘蛛可以来去自如，如履平地。蜘蛛腹部的末端有好几个纺丝器，可以纺出不同的蛛丝。有的蛛丝没有黏性，有的有黏性。蜘蛛织网的时候，先用不带黏性的蛛丝织出支架，以及由中心向外放射的辐丝，再用带黏性的蛛丝织出一圈圈螺旋状的螺丝。蜘蛛只要不碰到螺丝，就不会被黏住了。也就是说，蜘蛛都是在不带黏性的蜘蛛丝上移动，所以，不会被黏住。

如果有昆虫投网，蜘蛛通过信号丝的振动便可闻讯而来取食。有的蜘蛛头朝下留在网中心，等候猎物，有猎物时先用丝将其缠绕，再叮咬之并将其携回网中心或隐蔽处进食或贮藏。

大部分蜘蛛都有毒腺，只要腹部呈现红色，就说明这只蜘蛛有毒。世界上毒性较强的，要数地中海黑寡妇蛛、褐平甲蛛、澳大利亚漏斗蛛、黑腹栉足蛛和澳大利亚捕鸟蛛。

在巴西，有一种武装蜘蛛，这种蜘蛛有着很强的毒性，小动物被蜇到后2～5小时内就会死亡。这种

黑寡妇蛛

蜘蛛中,雌性蛛的毒性要比雄性蛛的毒性强得多,雄性蛛不会给人以致死量的毒素。

其实,并非所有的蜘蛛都有毒!所以,我们并不用"闻蛛变色"。通常市场上的宠物毛蜘蛛毒性比较弱,只要不故意挑逗它,它不会主动攻击人。即使被咬了也不会有生命危险。它的适应能力很强,不需要精心照顾。

毛蜘蛛

蜘蛛主要捕食小昆虫。水边的狼蛛能捕食小鱼虾,捕鸟蛛能捕鸟,南美一种体长7.5厘米的蜘蛛甚至能捕食小响尾蛇。结网蜘蛛则以网捕食。

蜘蛛的天敌很多。蟾蜍、蛙、蜥蜴、蜈蚣、蜜蜂、鸟类都捕食蜘蛛,有的寄生蜂寄生于蜘蛛卵内,有的寄生蝇的幼虫在蜘蛛卵袋中发育,

蟾蜍

小头蚊虻昆虫几乎全部都是以幼虫的形式寄生到蜘蛛体内。蜘蛛常用多种方法来御敌,如排出毒液、隐匿、伪装、拟态、保护色、振动,等等。当蜘蛛逃不掉,而自己的附肢又被敌害夹持时,它们干脆切断自己的附肢一走了之,反正自断的步足在蜕皮时还会再生。

蜘蛛是卵生的,大部分雄性蜘蛛在与雌性蜘蛛交配后会被雌性蜘蛛吞噬,成为母蜘蛛的食物。在交配前,雄蛛从生殖孔产一滴含精子的液体到精网上,

蜈蚣

然后把精子吸入触肢器内。有的在交配时有求偶动作,如狼蛛和跳蛛挥动其须肢。欧洲的盗蛛雄体将用丝包住的蝇等献给雌体,在雌蛛取食时与之交配;找不到蝇时以小石块代之。多数雄蛛在交配时用左须肢插入雌蛛生殖板上的左侧开孔,右肢插入右侧孔。精子入生殖板后,移入与输卵管相通的受精囊,卵通过输卵管至生殖孔排出的过程中即

受精。有的雄蛛于交配后将交接器再充以精液，并与同一雌蛛再次交配。交配后，有些种类的雄蛛在雌蛛生殖板上涂一种分泌物，阻止雌蛛再交配。有的雄蛛在交配后为雌蛛所食，但这种情况不常见。黑寡妇雄蛛交配后数日死亡，偶因交配后太衰弱被雌蛛捕食。

为什么雄蜘蛛甘愿牺牲自己？我们以雄赤背蛛为例，看它们怎么找到雌蛛的网。像其他种类的雄蛛一样，雄赤背蛛们成熟后就不吃不喝，只能靠之前储存的能量过活，根本经不起长途跋涉的折磨。瘦小的赤背雄蛛待在自己的网内倒也挺威风，一旦远离避风港，蚂蚁都敌不过。

狼蛛

最终，只有20%的雄蛛能成功到达雌蛛的蜘蛛网。正是因为机会来之不易，为了后代繁衍，雄蛛才甘愿献出自己的生命。

赤背蜘蛛

当雄赤背蜘蛛将输精器官插入雌蜘蛛体内时，会以前肢为支点倒立，让身体悬挂在雌蛛嘴边。它一边注入精液时，比它身体大200倍的雌蛛一边开始咀嚼它的尾部。

更奇妙的是，雄蛛有逃命的机会。它有两个交配器官，其中一个输精完毕后，可以虎口逃生，捡回一命。但是在20分钟内，雄蛛通常会重返雌蛛网，进行第二次交配，这一次，雌蛛再也不会嘴下留情了。

趣味故事

其实，在蜘蛛的大家族中，只有不超过一半的"家族成员"会吐丝结网、捕捉飞虫，另一半是不会织网的。这些不会织网的蜘蛛一般会依靠歌声来联络异性，表露爱心，达到配对的目的。

可是，你知道蜘蛛的歌声从哪里来？

昆虫学家发现，它嘴边上有白色的"小棒"。小棒摩擦能发出双音节的颤音，知音者听到这特殊的信号，便向它奔来。有的雄蜘蛛用第一对足叩击地面，发出节奏明快的旋律，像车轮辗地的"轧轧"声，有的雄蜘蛛用肚皮撞击地面，上下一起一伏，每隔3～5秒钟撞击一次，这声音在雌蜘蛛听来如同最动听的华尔兹，爱心立刻为它所启动。

依靠跳舞来求爱是结网蜘蛛的专长。因为它们舞姿翩翩，但不大会使用歌喉。雄蜘蛛跳舞的舞台当然是自己编织的那张网。它舞动细脚，用劲儿牵拉蛛网的辐射线，并且有节奏地踏动网丝，好像是节奏急促的小快步舞。雌蜘蛛对于这种快步舞蹈是很为之倾倒的，它对于雄蜘蛛的求婚感到快活，它早就盼望这位年轻舞蹈家上门求爱。

生物学家认为蜘蛛的这些奇特的求婚方式是在生存竞争中出现的。由于雌蜘蛛大多数是近视眼，生性又残忍，即使在相爱时也会凶相毕露，一口将情人吃掉，所以，爱情生活对于雄蜘蛛来说，一半是"天堂"，一半是"坟墓"。它们既然要爱，就需要做为求婚而勇于殉情的准备。长此以往，雄蜘蛛学得聪明了，不得不采取谨慎的方式，用歌舞试探对方，绝不敢贸然行事。只有当雌蜘蛛心境处在最佳状态时，雄蜘蛛才敢大胆去求婚。即使如此小心翼翼，还免不了遭到灭顶之灾，真使雄性蜘蛛举步维艰啊！

科学统计

世界上最大的蜘蛛是生活在南美洲的潮湿森林中的格莱斯捕鸟蛛。

它在树林中织网，以网来捕捉自投罗网的鸟类为食。雄性蜘蛛张开爪子时有38厘米宽，重量约为120克，毒爪的长度为2.5厘米。当它咬住猎物时，它先设法使猎物不能动弹，然后，将消化液注入猎物体内，这时，它就可以喝到美味了。我国饲养的捕鸟蛛最大体长近10厘米。

格莱斯捕鸟蛛

而世界上最小的蜘蛛则是施展蜘蛛。科学家们曾在西萨摩尔群岛采到一只成年雄性施展蜘蛛，体长只有0.043厘米，还没有印刷体文字中的句号那么大。

6. 一生的变化——那些年，那些蝉

妈妈，你知道蝉的一生要经过怎样的变化吗？

爸爸，蝉的一生到底是短暂还是漫长啊？它都有哪些阶段呢？

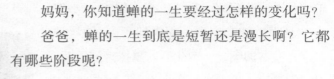

每到夏天，外面总是会不断地传来"知了，知了"的声音，这就是我们称作"知了"的动物，这种动物的学名叫做蝉，是一种半翅目昆虫，种类比较多。

蝉

雄蝉的腹部有一个发声器，能连续不断地发出响亮的声音，雌蝉虽然在腹部也有发声器，但不能发出声音。

绝大多数的昆虫只有一年或更短的生活史，一般的蝉只有3～9年的生活史。蝉的蛹在地下度过一生的头两三年，或许更长一段时间。在这段时间里，它吸食树木根部的液体。然后在某一天破土而出，凭着生存的本能找到一棵树爬上去。蝉蛹经过几年缓慢的生长，作为一个能量的储存体爬出地面。它用来挖洞的前爪还可以用以攀援。当蝉蛹的背上出现一条黑色的裂缝时，蜕皮的过程就开始了。蜕皮是由一种激素控

蝉蛹蜕掉的皮

制的。蝉蛹的前腿呈勾状，这样，当成虫从空壳中出来时，它就可以牢牢地挂在树上。

蝉蛹必须垂直面对树身，这是为了成虫两翅的正常发育，否则翅膀就会发育畸形。蝉将蛹的外壳作为基础，慢慢地自行解脱，就像从一副盔甲中爬出来。整个过程需要一个小时左右。

当蝉的上半身获得自由以后，又倒挂着使双翼展开。在这个阶段，蝉的双翼很软，通过其中的体液管展开。体液管由于液体的压力而使双翼伸开。当液体被抽回蝉体内时，展开的双翼就已经变硬了。如果一只蝉在双翼展开的过程中受到了干扰将终生残废，也许根本无法飞行。

夏天，蝉产卵后一周内即死去，卵经过一个月左右即孵化，孵化后若虫掉落到地面，自行掘洞钻入土中栖身。在土中，以刺吸式口器吸食树根汁液为生。它们要经过漫长的若虫期。老熟幼虫爬出洞穴后，慢慢爬上树干，然后自头胸处裂开。不久，成虫爬出蝉壳，经阳光的照射，翅膀施展、干燥。羽化过程约需1～3小时。成虫飞向丛林树冠，以其刺吸式口器刺入树木枝干吸食汁液，对林木、果

正在蜕皮的蝉

树等造成危害。成虫性成熟后，雄虫开始鸣叫，吸引雌性进行交配。交配后雄虫死亡，雌虫产完卵后也相继死亡，从而完成其传种接代的使命。捉蝉不同于捉其他的鸣虫。蝉有趋光性，当夜幕降临，只需在树干下烧堆火，同时敲击树干，蝉即会扑向火光，此时迅速上前活捉，十拿九稳，非常有趣。

在北美洲一种穴居17年才能化羽而出的蝉，获得了昆虫世界里最长寿的头衔。它们在地底蛰伏17年始出，尔后附上树枝蜕皮，然后交配。雄蝉交配后即死去，母蝉亦于产卵后死去。科学家解释，十七年蝉的这种奇特生活方式，为的是避免天敌的侵害并安全延续种群，因而演化出一个漫长而隐秘的

十七年蝉

生命周期。1979年的夏季，从美国的卡洛来纳州到纽约，每天晚上都有无数的暗色小虫子从地下飞出来，这就是十七年蝉。它们飞到几乎所有竖立着的目标上，如树木、电线干和建筑物，不一会儿，雄蝉发出欢乐喧闹的叫声，引诱雌蝉，这标志着它们1962年出生后在地下生存了17年，今年到地面上来举行"婚礼"。然而，十七年蝉一旦爬出地面生命就很短暂了，所有食虫兽都会一拥而

上抢食这些十七年蝉。

至今科学家们仍然不清楚蝉为何每隔17年才会出现一次，也许通过对季节的冷热节奏变化以及对荷尔蒙变化进行研究，才能最终揭开这个谜底。另外，科学家也无法解释为何蝉的生活周期是如此漫长。

蝉花

蝉猴是蝉面临蜕变的幼虫。蝉幼虫由土中出来，到树上蜕变为蝉，其过程如猴能够上树，因此，民间将其称为蝉猴，在山东黄河区域有称为神仙之说。

蝉花也称蝉菌、蝉蛹草，是一种具有动物和植物特征的奇妙生物根，是蝉蛹或山蝉的幼虫体，花是从单个或是2～3个蝉幼虫头部生长出来的，约一寸多长，从顶端开花分枝。据有关的研究提出，蝉花属于生物病态现象，是一种虫菌相依的组合体。秋季来临，蝉钻入土中，逐渐变成蝉蛹，在羽化前被冬虫夏草菌类寄生，当生活条件适宜时，就开始萌发成菌丝体，吸收虫体的营养，最终虫体被菌丝体完全占有而只剩下一个躯壳。万物复苏时节，菌丝体又从营养阶段转化为有性阶段，渐渐从顶端开花分枝，故而得名蝉花。

多数北美蝉发出有节奏的滴答声或呜呜声，但某些声音甚是动听。会鸣的蝉是雄蝉，它的发音器在腹基部，像蒙上了一层鼓膜的大鼓，鼓膜受到振动而发出声音，由于鸣肌每秒能伸缩约1万次，盖板和鼓膜之间是空的，能起共鸣的作用，所以，其鸣声特别响亮，并且能轮流利用各种不同的声调激昂高歌。

7. 蚊子"咬"人也会"情有独钟"

妈妈，我身上多了个包包，好痒啊！这是什么东西啊？

蚊子

爸爸，我又被讨厌的蚊子咬了，怎么办？蚊子为什么要吸人的血呢？

由来历史

蚊子是一种具有刺吸式口器的纤小飞虫，有雌雄之分，雄蚊触角呈丝状，触角毛一般比雌蚊浓密。它们的食物都是花蜜和植物汁液。雄蚊口器退化，雌蚊因繁殖需要，在繁殖前雌蚊需要叮咬动物以吸食血液来促进内卵的成熟。

总的来说，蚊子可以分为三大类，一类是按蚊，一类是库蚊，另一类是伊蚊。

按蚊成虫的特征是翅大多有斑，身体大多是灰色的，身体在停留的时候，与停留面保持一定的角度，它大多在夜间活动。

库蚊成虫的特征是翅大多无斑，体色是棕黄色，身体在停留的时候，往往与停留面保持平行状态，它的活动也大多在夜间。

库蚊

伊蚊成虫的特征是翅没有斑，身体大多是黑色的，而且有白斑，因为它喜欢白天活动，因此，我们经常在室内，在阴凉的地方，白天经常被这类蚊子所袭扰。

常见的蚊子有以下这几种，它们会吸血甚至传播很多流行性疾病。

伊蚊

白纹伊蚊，俗称"花蚊子"，主要白天吸血，叮人凶猛，传播登革热，有"亚洲虎蚊"之称。

花斑蚊不论黑夜白天都会叮人吸血。花斑蚊不仅凶恶，而且善飞。一般蚊子飞程只有数十至数百米，最远不超过1～2千米，但花斑蚊能飞行5～7千米，而且速度极快，还可以随心所欲地做前后滚翻、俯冲、急转弯、突然加速或减速等"高难动作"。

埃及伊蚊是典型的嗜吸人血的"家蚊"，白天吸血，习性类似白纹伊蚊。喜欢在水缸及其他器皿里产卵，孳生幼虫。

一般伊蚊多在白天吸血，按蚊、库蚊多在夜晚吸血；有的偏嗜人血，有的蚊子则爱吸家畜的血，但没有严格的选择性，因此，蚊子可传播人兽共患的疾病。

花斑蚊

趣味故事

蚊子的确有这种"趋食性"，但并非是人们想象的某些人皮肤细嫩、血液甜招惹蚊子，主要的原因是其身上的某些气息吸引了蚊子。一般来说，下面几种人蚊子会对其"情有独钟"：

一是汗腺发达、体温较高的人。

喜欢流汗的人，血液中的酸性增强，所排出的汗液使得体表乳酸值较高，对蚊子产生吸引力。此外，蚊子的触角里有一个受热体，它对温度十分敏感，只要有一点温差变化，便能立即察觉得到，流汗的人肌体散热快，也会对蚊子产生吸引力。

二是劳累或呼吸频率较快的人。

人在从事运动或体力劳动后呼吸会加快，有些人肺活量较大，或呼吸节奏本身较快，这样呼出的二氧化碳相对较多。二氧化碳气体会在头上约1米左右的地方形成一股潮湿温暖的气流，蚊子对此比较敏感，会闻味而至。

三是喜欢穿深色衣服的人。

蚊子之所以昼伏夜出，主要是因其具有趋暗的习性，如果穿着深色衣服，在夜间便会呈现一团黑影，蚊子会向着更暗的地方追逐而去。衣服颜色如黑色是蚊子进攻的首选对象，其次是蓝、红、绿等，蚊子不爱叮白色。同理，蚊子爱叮肤色较黑或肤色发红的人。

四是新陈代谢快的人。

因此，小孩易遭蚊叮，老人正相反。

五是化过妆的人。

为了验证气味对蚊子的诱惑力，美国科学家们利用嗅觉仪器对3900多种物质进行了测试和分析。结果发现，许多种类的发胶、护手霜、洗面奶等化妆品

21

对蚊子的诱惑力都非同寻常。大多数化妆品都含有硬脂酸（脂肪酸的一种），所以，化妆的人比不化妆的更受蚊子"青睐"。

当然，也有一些气味是蚊子所讨厌的，月桂叶、柠檬草油、香茅、大蒜和香叶醇的气味会使蚊子退避三舍。

六是孕妇。

孕妇特别容易招蚊子。一项美国的医学研究显示，孕妇特别招蚊子，她们遭蚊子叮的机会比其他女性高1倍。

科学统计

蚊子在吸血前，先将含有抗凝素的唾液注入皮下与血混和，使血变成不会凝结的稀薄血浆，然后吐出隔宿未消化的陈血，吮吸新鲜血液。假如一个人同时给1万只蚊子任意叮咬，就可以把人体的血液吸完。

蚊子吸人血，还会"挑肥拣瘦"，专门寻找合乎"口味"的对象。蚊子在熟睡的人们的枕边"嗡嗡"盘旋时，依靠近距离传感器来感应温度、湿度和汗液内所含有的化学成分。所以，雌蚊首先叮咬体温较高、爱出汗的人。因为体温高、爱出汗的人身上分泌出的气味中含有较多的氨基酸、乳酸和氨类化合物，极易引诱蚊子。

科学家研究表明，蚊子叮人是有选择的，能为蚊子带来丰富胆固醇和维生素B的人最受蚊子青睐。蚊子利用气味从人群中发现最适合它们"胃口"的对象。胆固醇和维生素B这两种物质是蚊子等令人讨厌的昆虫生存所必需，而它们自己又不能产生的营养。

蚊子具有很强的嗅觉能力。当人类呼出二氧化碳和其他气味时，这些气味会在空气中扩散，而这些气味好比是开饭的铃声，告诉蚊子一顿美餐就在眼前。蚊子跟踪它的目标时，总是随着人呼出的气味曲折前进直到接触到目标为止，然后就落到皮肤上耐心寻找"突破口"，最后才把"针管"直接插入皮肤里吸血8～10秒。

8. 向着梦想冲，扑火的飞蛾

你们知道吗

妈妈，飞蛾为什么要扑火呢？

飞蛾

爸爸，世界上有多少种飞蛾啊？它们都有什么特点呢？

由来历史

飞蛾是完全变态昆虫，它一生要经过卵、幼虫、蛹和成虫四个发育阶段。

松带蛾毛虫觅食时常常排成一排，从排头到排尾多达200只；吃饱后它们再排成一排返回丝囊中。松带蛾毛虫移动时排成一排完全是出于本能，如果把其中的几只放在一只杯子边上，它们会排成一圈爬行。

大胡蜂蛾是一种对人类无害的飞蛾，看上去很像会蜇人的大胡蜂。

美洲月形天蚕蛾

六斑地榆蛾的身上生有红色和黑色花纹，可用来警告捕食者它们有毒。花园灯蛾由于所吃的植物身上有一股难闻的味道，从而能够避免被鸟类捕食。灯蛾毛虫的味道也很难闻，身上还有一层黑毛。木蠹蛾生活在澳大利亚，因肥胖、指头状的毛虫而著名。马达加斯加落日蛾白天活动，因颜色鲜艳，极易被人当作蝴蝶。它们的身上有漂亮的带金属光泽的花纹，如同壮丽的落日一样。它们的后翅上还有长长的"尾巴"，因此看上去如同凤蝶一样。大柏天蚕蛾的翅膀很大，足可以盖住一只盘子，是世界上个头最大的蛾类之一。美洲月形天蚕蛾身体肥大，有弯弯的长"尾巴"。蜂鸟天蛾进食时翅膀振动很快，看上去就好像一团朦胧的阴影。它们也能在花前盘旋，并利用长长的舌头迅速地吸起花蜜，然后再飞到另一朵花前。蜂鸟天蛾尽管个头很小，却是极具冒险精神的"旅行家"。

在雌蛾体上长有一种特殊的化学物质，即性外激素。雌蛾通过性外激素的扩散传布，把雄蛾从遥远的地方招引来，进行交尾。性外激素分泌的量虽然很少，但作用却很大。雄蛾的嗅觉器官特别发达，触角往往长成羽毛状或栉状，从而对雌性蛾所释放的性外激素感觉十分灵敏，几乎可以感知只有几个分子的信息。飞蛾这种以气味传情，寻找配偶的方式，在生物学中称为"化学通讯"。

飞蛾类多在夜间活动，喜欢在光亮处聚集，因此，民谚有"飞蛾扑火自烧身"的说法。

除路灯外，野外的篝火、手电筒光，家中的灯光、烛光及一些其他的亮光也会吸引飞蛾打转。飞蛾在夜间活动，它在探索飞行道路时，是靠月亮作为"灯塔"的。飞蛾的眼睛是由很多单眼组成的复眼，在飞行时，总是使月光从一个方向投射到眼里，当绕过某个障碍物或是迷失方向的时候，只要转动身体，找到月光原来投射过来的角度，便能继续摸到前进的方向。如果在旷野中出现灯火，飞蛾看见灯火就会分辨不清哪个是月亮，哪个是灯火，由于月亮远在天边，灯火近在眼前，飞蛾就会把灯火误认为月亮。在这种情况下，它只要飞过灯火前面一点，就会觉得灯火射来的角度是从侧面或后面射来，因此，便把身体转回来，直到灯火以原来的角度投射到眼里为止。于是，飞蛾就不停地对着灯火转来转去，绕着灯火作螺旋状盘旋，怎么也脱不了身。

科学统计

灯蛾至少有1000种，分布在全球各地。据说一只雌性舞毒蛾只要分泌0.1微克的性外激素，就可以把100万只雄蛾招引过来。当风速在每秒100厘米时，雄蛾对4.5千米以外的雌蛾性外激素仍有反应。

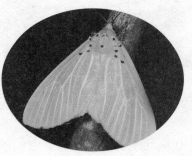

灯蛾

9. 我能飞，你也能飞——鸟对人类的启蒙

你们知道吗

妈妈，飞机是怎么发明的呢？有什么动物对飞机的发明起到过作用呢？

爸爸，原来鸟类给我们的生活起到了这么多作用啊？可是为什么鸟能飞呢？

由来历史

天鹅

鹰击长空，鸽翔千里，鸟类可以在空中自由飞行，这对人类是多么大的吸引和激励啊！鸟类的存在给人类许多无价的启示：人们看到天空中的飞鸟，想到了一种能把我们带到天空中飞的机器——飞机；猫头鹰灵巧无声的飞行，改造了飞机的性能；山雕飞落地刹那间的坚定和稳重，让人觉得自己也可以从天空中飞下，安全落地；天鹅在水面上撩飞的优雅，使水上飞机问世；研究金翅鸟能改善飞机功能，研究鸽子可预测地震等。那些肯思考的人，通过观察天空中飞行的鸟类，获得了灵感，而创造出奇迹来，让我们受益无穷。

鸟类的翅膀具有许多特殊功能和结构，使得它们不仅善于飞行，而且会表演许多"特技"，这些特技还是目前人类的技术难以达到的。小小的蜂鸟是鸟中的"直升机"，它既可以垂直起落，又可以退着飞。在吮吸花蜜时，它不像蜜蜂那样停落在花上，而是悬停于空中。这是多么巧妙的飞行啊！制造具有蜂鸟飞行特性的垂直起落飞机，已经成为许多飞机设计师梦寐以求的愿望。

鹰的眼睛是异常敏锐的。翱翔在两三千米高空的雄鹰，两眼扫视地面，它能够从许多相对运动着的景物中发现兔子、老鼠，并且敏捷地俯冲而下，一举捕获。鹰眼还具有对运动目标敏感、调节迅速等特点，它能准确无误地识别目标。现代电子光学技术的发展，使我们有可能研究一种类似鹰眼的系统，帮助飞行员识别地面目标，同时可以控制导弹。

候鸟的迁徙路程很长。但是，它们总能准确地到达世世代代选定的目的地。这说明候鸟有极好的导航本领。科学家们早已对这些现象展开了研究，认为鸟类之所以有很好的导航本领，是因为它们都有各自的特殊感觉器官，能够感觉和分析自然界不同地域环境因素的变化，从而辨认方向，寻找迁徙路线。有的靠辨认太阳的位置，利用太阳作定向标；有的靠辨认星星的方位，利用星象导航；有的靠感觉地球磁场的变化，利用地磁导航；还有的利用地球的重力场导航。

弄清鸟类导航的原理之后，仿生学家在企鹅的启示下，设计了一种新型汽车——"企鹅牌极地越野汽车"。这种汽车把宽阔的底部贴在雪面上，用轮匀推动前进，这样不仅解决了极地运输问题，而且也可以在泥泞地带行驶。

此外，鸟类所特有的生理结构和功能，还为机械系统、仪器设备、建筑结构和工艺流程的创新，提供了许多仿生学上的课题。所以，鸟既是人类的朋友，又是人类的老师。为了科学的未来和人类的幸福，我们也应当好好保护鸟类。

趣味故事

人类发明飞机以前，鸟类是天空的主宰，无论是森林、草原，还是荒漠、大洋，其上空都有鸟类在飞翔。这些千姿百态的鸟儿，或是能够直冲九霄，或是能够飞越万里，或是能够在枝繁叶茂的林间灵活地穿梭，其飞行能力之强，技巧之高，在许多方面远非人类制造的飞机所能比拟。我们不禁要问，鸟类的祖先是怎样发展出如此高超的飞翔能力呢？

科学家们经过长期的研究，提出了两种假说。第一种是树栖起源假说，认为鸟类的祖先是生活在树上的，最初没有飞行能力，而只能以前肢的爪抓住树干攀援，并能够从一个树枝跳跃到另一个树枝上。这种跳跃的能力逐渐发展，越跳越远，进而发展到滑翔，前肢慢慢生出翼膜，从现代的鼯鼠身上我们可以看到类似的情况；后来，翼膜上的鳞片逐渐扩大为羽，相应地，体侧和尾两侧的鳞片也扩为羽，鸟类由滑翔逐渐发展为扇动两翼以增加升力，

鼯鼠

最后，终于获得了飞翔的能力。第二种是陆地奔跑起源的假说，认为鸟类的祖先是具有长尾，两足奔跑的动物，在奔跑时前肢的扇动起着助跑作用。随着前肢不断的扇动，其后缘鳞片逐渐扩大以增加与空气接触的面积，进而转化成羽毛，前肢也就从奔跑的辅助者变成飞行的器官。长长的尾巴在奔跑中起着保持身体平衡的作用，尾上的鳞片也逐渐增大，最后转变成尾羽。

那么，哪一种假说更接近于事实呢？1990年初秋，我国辽宁省发现了大量的鸟类化石标本，它们在时代上仅比世界公认的最早的鸟化石——始祖鸟稍晚，保存相当完整，而且数量、类型十分丰富。这一发现为研究鸟类飞行

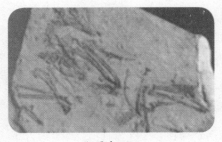

华夏鸟化石

的起源问题提供了很好的材料。

中国古代脊椎动物研究所的科学家研究了其中的一块保存近完整的标本，将之定名为华夏鸟。华夏鸟不同于所有已知的早期鸟类，它具有善于飞行的突胸鸟类所具有的主要飞行结构以及与飞行相关的特征，前肢和肩带比较进步，后肢和腰带比较原始，这似乎说明华夏鸟所代表的原始鸟类不会是一种由善于在陆地上奔跑的祖先演化而来，因为善于在陆地奔跑的动物，其后肢腰带等结构应该有较为进步的特点。因此，华夏鸟支持了鸟类飞行的树栖起源的假说。

科学统计

许多生物学家认为，鸟类是从一种已知兽角类恐龙进化而来的。这些飞行鸟类与地面鸟类类似：它们有着强壮的后肢，它们沿着地面快速奔跑，一些鸟类的前肢还长着羽毛。有翅膀的恐龙始祖鸟有一个肩关节，使得它们的翅膀可以沿几个方向旋转，而不只是像在飞行时那样垂直拍打身体。

飞行能力是"平地而起"还是"树上落下"，还是二者某种形式的组合进化而来的。这个问题关系到鸟类飞行的哪些组成部分起源于地面运动，哪些起源于空中飞行。

10. "森林的大夫"——啄木鸟

你们知道吗

妈妈，你知道什么是森林大夫吗？
爸爸，你知道为什么啄木鸟不会得脑震荡吗？

啄木鸟

由来历史

啄木鸟是常见的留鸟，在我国分布较广的种类有绿啄木鸟和斑啄木鸟。

啄木鸟不是站立在树枝上，而是攀缘在直立的树干上。一般的鸟类是足生四趾，三趾朝前，一趾向后；而啄木鸟的四趾，两个向前，两个向后，趾尖上都有锐利的钩爪，尾呈楔形，羽轴粗硬，攀爬时成了支撑身子的柱子。这样，啄木鸟就可以有力地抓住树干不至于滑下来，还能够在树干上跳动，沿着树干快速移动，向上跳跃，向下反跳，或者向两侧转圈爬行。

啄木鸟的别称是"森林医生"，食量大和活动范围广，它们觅食天牛、吉丁虫、透翅蛾、蠹虫等有害虫，每天能吃掉大约1500条。在13.3公顷的森林中，若有一对啄木鸟栖息，一个冬天就可啄食吉丁虫90%以上，啄食天牛80%以上。

啄木鸟长着一个又硬又尖的长嘴，敲击树干笃笃作响，通过声音能准确寻找到害虫躲藏的位置。施行"手术"时，嘴好像一把凿子，啄开树皮，凿出洞来，直接插进木质内的巢穴，伸出一条蚯蚓似的长舌。啄木鸟的舌头能伸出嘴外14厘米。且是一条有弹性的结蒂组织连着舌根，这个延长部分从腭下穿出来，伸展向上绕过后脑壳，向脑顶的前部进到右鼻孔固定。当舌根从下腭向外滑出时，舌头就可以伸得很长。舌头上有胶性的液质，能把小虫粘住。有的啄木鸟，舌尖还有细钩，又是粘，又是掏，使小虫无法逃避。

啄木鸟在遇到很深的巢穴、虫穴或通道弯曲时，就用一种声波骚扰战术。它测知虫穴部位之后，用硬喙重敲击，或下或左或右，使树干孔隙发生共鸣，躲在里边的小虫感到四面受敌后只有四处逃窜，就使啄木鸟有了搜捕机会。

啄木鸟啄木的频率极快，这样它的头部则不可避免地要受到非常剧烈的震动，但它既不会得脑震荡，也不会头痛。

原来，啄木鸟的头骨十分坚固，由骨密质和骨松质组成，其大脑周围有一层绵状骨骼，内含液体，对外力能起缓冲和消震作用，它的脑壳周围还长满了具有减震作用的肌肉，能把喙尖和头部始终保持在一条直线上，使其在啄木时头部严格地进行直线运动。假如啄木鸟在啄木时头稍微一歪，这个旋转动作加上啄木的冲击力，就会把它的脑子震坏，因此，啄木鸟的喙尖和头部始终保持在一条直线上。

趣味故事

世界上还有一种灰色的啄木燕雀，是目前人类已发现的唯一会使用"劳动工具"的鸟类。

啄木燕雀以吃小昆虫为生。在觅食时，它用嘴啄树干，接着把耳朵紧贴树干，专心细听，当发现其中有动静时，就把树皮啄穿，找到树洞中的小虫。如果树洞太深，嘴巴探不到里面，聪明的小鸟会找一根细树枝，衔着树枝的末端，探入洞内把小虫逗出来。

如果细树枝很适用的话，小鸟就会长期把它带在身边。从一棵树飞向另一棵树，找小虫时就暂时把它放在树缝里。如果树枝太长，经验丰富的小鸟会设法把它截短，如果树枝上有权，小鸟就把权折去。

科学统计

据调查，啄木鸟每天敲击树木约为500～600次，每啄一次的速度为555厘米/秒，而头部摇动的速度为580厘米/秒，头部最大速度达到7米/秒，击中树木后在短短0.5毫秒的时间内减速到零。

11. 为什么要学人说话，因为我是鹦鹉

你们知道吗

妈妈，你知道吗，鹦鹉居然会学人说话？
爸爸，你知道还有什么动物会学人说话吗？

由来历史

鹦鹉指热带、亚热带森林中羽色鲜艳的食果鸟类，众多艳丽，爱叫。鹦鹉以羽色艳丽而著称，白、黄、绿、红、黑，五彩缤纷。许多鹦鹉还具有漂亮的羽冠，有的伞状，有的扇状，当展开炫耀时显得生动有趣。

鹦鹉

鹦鹉是典型的攀禽，爪子适合抓握，鹦鹉的鸟喙强劲有力，可以食用硬壳果。鹦鹉主要是鹦形目，有鹦鹉科与凤头鹦鹉科两科，种类非常繁多，鹦鹉在拉丁美洲和大洋洲的种类最多，在非洲和亚洲的种类要少得多，但在非洲却有一些很有名的种类，如灰鹦鹉、情侣鹦鹉、牡丹鹦鹉。鹦鹉中体形最大的当属拉丁美洲的紫蓝金刚鹦鹉，分布

在南美的玻利维亚和巴西。鹦鹉虽然在某些地区常见，但人们为盈利而大量诱捕鹦鹉，已使它们面临严重威胁。这些鹦鹉携带巢材的方式很特别，不是用那弯而有力的喙，而是将巢材塞进很短的尾羽中，同类的其他的情侣鹦鹉也是用这种方式携材筑巢的。

绯胸鹦鹉

在我国南部的森林中，产有7种鹦鹉：红领绿鹦鹉产在广东、福建，绯胸鹦鹉产在云南、广西、广东，大绯胸鹦鹉产在西藏、四川、云南，灰头鹦鹉产在四川、云南，长尾鹦鹉产在四川，短尾鹦鹉产在云南。它们都是国家二级保护动物。

鹦鹉一般以配偶和家族形成小群活动，栖息在林中树枝上，主以树洞为巢。

大多数鹦鹉主食树上或者地面上的植物果实、种子、坚果、浆果、嫩芽嫩枝等，兼食少量昆虫。深山鹦鹉生活在澳洲新西兰地方山区的灌木丛中，体形大，独具一副又长又尖的嘴，特别喜食昆虫、螃蟹、腐肉，甚至跳到绵羊背上用坚硬的长喙啄食羊肉，弄得活羊鲜血淋淋，所以，当地的新西兰牧民也称其为啄羊鹦鹉。吸蜜鹦鹉类则主食花粉、花蜜及柔软多汁的果实。

鹦鹉取食

鹦鹉在取食过程中，常以强大的钩状喙嘴与灵活的对趾形足配合完成。在树冠中攀援寻食时，首先用嘴咬住树枝，然后双脚跟上；当行走于坚固的树干上时，则把嘴的尖部插入树中平衡身体，以加快运动速度；吃食时，常用其中一足充当"手"握着食物，将食物塞入口中。

曾有人观察过饲养下的十多种鹦鹉在取食中使用左、右脚的频率，发现超过72%的个体多倾向于用左脚抓食。科学家对鹦鹉的后肢肌肉的比较解剖发现，常以左脚抓食的，其左脚明显长于右脚，善用右脚抓食的，右脚仅微长于左脚。

鹦鹉的数量迅速锐减已令人担忧。非洲产的灰鹦鹉因善于学舌被大量捕捉；新西兰的一种枭鹦鹉以草为食，食草吮汁后又一团一团吐出，在过路处留下一团团白色小球，暴露了自己，便很容易被捕捉到。

人们对鹦鹉大量的捕杀，及生态环境的恶化，有可能使人们还没有来得及弄清鹦鹉的各种性能，鹦鹉就从地球上消失了。

趣味故事

鹦鹉不仅能学舌，而且会作诗，在我国的史诗中早就有过不少这方面的记载。它们还能表演一些小杂技，经过特别训练，甚至还能做出一些惊人之举。1985年，墨西哥发生大地震，从一幢塌楼里传来呼救声，抢险人员经过两个小时的战斗，救出的竟是一只鹦鹉，它说的第一句话是"糟透了"，弄得抢险人员啼笑皆非。

鹦鹉表演杂技

在美国洛杉矶的警察部队中，有一位奇特的警官叫皮尔特鹦鹉，是只3岁的美洲鹦鹉，体长45厘米，具有当地警察首脑签署的军官证书。它的职责是指示和提醒孩子们在穿越公路和街道时谨慎小心，在家中安分守己。这个奇特的鹦鹉已给4～12岁的3500名儿童上过这类安全课。参加听课的孩子都非常专心地听它讲解。

美洲鹦鹉

在西欧常见到驯化鹦鹉当盲人的向导，一位美国大学教授宣称自己的"亚历克斯"鹦鹉能辨认和说出50件物品的名称，这说明鹦鹉有一定的"学习和记忆"能力。

鹦鹉的智能究竟有多高，还有待于进一步研究。

澳大利亚琴鸟

许多鸟具有说话、模仿、歌唱的天赋，经过训练后更是才能出众。澳大利亚琴鸟能模仿二十多种其他鸟类的鸣叫声，美国的拟物鸟能模仿雄鹰的嘶叫声、家禽的咯咯声、锯木的喧噪声和铁锤的锤打声，等等。它们模仿得维妙维肖，简直令人分辨不清。

千姿百态的鹦鹉大小不一，大型的琉璃金刚鹦鹉，体长达1米以上；生活在马来半岛、苏门答腊、婆罗洲一带的蓝冠短尾鹦鹉，身长仅有12厘米；侏鹦鹉属有6种，全长都在10厘米以内，仅在新几内亚和附近岛屿。

12. 请叫我"夜行者"，我是猫头鹰

你们知道吗

妈妈，你知道为什么猫头鹰是夜行动物吗？

爸爸，你知道猫头鹰的含义吗？猫头鹰象征了什么呢？

由来历史

猫头鹰

猫头鹰因为眼周的羽毛呈辐射状，细羽的排列形成脸盘，面形似猫，因此得名为猫头鹰。它周身羽毛大多为褐色，散缀细斑，稠密而松软，飞行时无声。猫头鹰的雌鸟体形一般较雄鸟的体形大。头大而宽，嘴短，侧扁而强壮，先端钩曲，嘴基没有蜡膜，而且多被硬羽所掩盖。它们还有一个转动灵活的脖子，使脸能转向后方，由于特殊的颈椎结构，头的活动范围为270°。左右耳不对称，左耳道明显比右耳道宽阔，且左耳有发达的耳鼓。大部分还生有一簇耳羽，形成像人一样的耳廓。听觉神经很发达。一个体重只有300克的仓鸮（又叫猴面鹰、猴头鹰等）约有9.5万个听觉神经细胞，而体重600克左右的乌鸦却只有2.7万个。

猫头鹰的视觉敏锐。在漆黑的夜晚，猫头鹰的能见度比人高出一百倍以上。和其他的鸟类不同，猫头鹰的卵是逐个孵化的，产下第一枚卵后，便开始孵化。猫头鹰是恒温动物。

在非洲有种猫头鹰，眼睛可以发出像手电般的光，而且亮度可以调节，当地土著就利用猫头鹰来捕猎，更为神奇的是，猫头鹰眼睛里发出的光照在动物眼睛

上，动物竟毫无察觉。据非洲当地人说，猫头鹰的眼睛射出的光可以让猎物呆立不动。目前并未知道其他地方猫头鹰是否如此。

猫头鹰大多栖息于树上，部分种类栖息于岩石间和草地上。

猫头鹰绝大多数是夜行性动物，昼伏夜出，白天隐匿于树丛岩穴或屋檐中不易见到，但也有部分种类如斑头鸺鹠、纵纹腹小鸮和雕鸮等白天亦不安寂寞，常外出活动；一贯夜行的种类，一旦在白天活动，常飞行颠簸不定有如醉酒。

猫头鹰捕鼠

猫头鹰的食物以鼠类为主，也吃昆虫、小鸟、蜥蜴、鱼等动物。它们都有吐"食丸"的习性，其素嚷具有消化能力，食物常常整吞下去，并将食物中不能消化的骨骼、羽毛、毛发、几丁质等残物渣滓集成块状，形成小团经过食道和口腔吐出，叫食丸（也叫唾余）。科学家可以根据对食丸的分析，了解猫头鹰的食性。

猫头鹰一旦判断出猎物的方位，便迅速出击。猫头鹰的羽毛非常柔软，翅膀羽毛上有天鹅绒般密生的羽绒，因而猫头鹰飞行时产生的声波频率小于1千赫，而一般哺乳动物的耳朵是感觉不到那么低的频率的。这样无声的出击使猫头鹰的进攻更有"闪电战"的效果。据研究，猫头鹰在扑击猎物时，它的听觉仍起定位作用。它能根据猎物移动时产生的响动，不断调整扑击方向，最后出爪，一举奏效。

猫头鹰是色盲，也是唯一能分辨蓝色的鸟类，除了某些过惯了夜生活的鸟类，如猫头鹰等，因为视网膜中没有锥状细胞，无法辨认色彩以外，许多飞禽都有色彩感觉。乌鸦在高空飞行需要找到降落的地方，颜色会帮助它们判断距离和形状，它们就能够抓住空中飞的虫子，在树枝上轻轻降落。

趣味故事

希腊神话中的智慧女神雅典娜的爱鸟是一只小鸮。因而，古希腊人把猫头鹰尊敬为雅典娜和智慧的象征。

在日本，猫头鹰被称为是福鸟，还成为长野冬奥会的吉祥物，代表着吉祥和幸福。

乌鸦

人们害怕猫头鹰就认为可以用它来驱除邪恶。据此，残害猫头鹰的多马人，却用猫头鹰的模拟像来镇邪恶。

在英国，人们认为吃了烧焦以后研成粉末的猫头鹰蛋可以矫正视力。约克郡人则相信用猫头鹰熬成的汤可以治疗百日咳。

在J·K·罗琳的魔法小说《哈利·波特》中，猫头鹰和蟾蜍等是巫师们的宠物。在这些宠物中，猫头鹰是最高贵也是最受欢迎的一种。因为它们不仅可以帮助主人发放邮件，是个名副其实的"邮递员"，而且它们能够通晓人类的感情和语言，是具有智慧的。

加拿大温哥华印第安人的后裔现在仍保留猫头鹰的图腾舞，不但有大型木雕的猫头鹰形象，而且有舞蹈，舞者衣纹为猫头鹰，全身披挂它的猎获物老鼠。

这种互相矛盾的概念，在莎士比亚那时也可以找到。他在《尤利乌斯·凯撒》和《马克白斯》剧作中用猫头鹰的叫声预示着死亡；而在《爱的徒劳》剧作中，却猫头鹰唱出"欢乐的歌声"。作为一种文学比喻，猫头鹰可以在古代神话中找到，也可以在《圣经》的旧约中找到，还可以在海明威和米尔恩的著作中找到。

科学统计

笑猫头鹰之所以有这样一个名字，是因为它的叫声十分奇特，它常常像炫耀胜利似地放声大笑。笑猫头鹰有两种，分别生活在新西兰北部岛屿和南部岛屿。它们的身长0.4米左右，是当地最大的猫头鹰。在它们的生活区域内，地上几乎没有小型哺乳类动物，因此，它们只好寻找地上的昆虫为食，并在山洞、崖缝以及悬崖的草木茂盛处筑巢。几个世纪中，笑猫头边放声大笑边繁衍自己的子孙，但在欧洲人来到这里以后，捕捉地上的猎物成了笑猫头鹰的

笑猫头鹰

致命弱点。和欧洲移民一起来到这里的大老鼠，摧毁了它们的巢穴，贪婪地吃它们的蛋。猫也经常袭击它们。与猫和老鼠一起来到岛上的兔子成了笑猫头鹰新的猎物，这看上去似乎补偿了猫和大老鼠给笑猫头鹰带来的伤害，可是兔子的繁殖速度太快了。为了对付泛滥成灾的兔子，政府采取了猎杀和引进黄鼠狼的办法，兔子很快减少直至消失，热衷于灭绝兔子的黄鼠狼便将目标转向猫头鹰。对于黄鼠狼来说，岩石、峭壁都不成问题。笑猫头鹰在地上的巢更是成了黄鼠狼品尝猫头鹰的蛋和小猫头鹰的餐桌。猫和大老鼠开始的灭绝行动最终由黄鼠狼彻底完成了。

从1850年到1890年，很少能在新西兰北部岛屿看到笑猫头鹰，人们捕捉到的只有2只。1900年，北部岛屿再也看不到笑猫头鹰了，南部岛屿也是同样的情况。人们看到的最后一只笑猫头鹰是1914年在南坎特伯雷的布鲁科科夫，之后人们再也没有见到笑猫头鹰，再也没有听到它那炫耀胜利似的大笑声。

1914年，笑猫头鹰灭绝。

13. 鸳鸯，是"爱情的骗子"，还是忠贞不二

你们知道吗

妈妈，鸳鸯是什么样子的呢？为什么鸳鸯会对伴侣不离不弃呢？

爸爸，这世界上最坚贞不渝的动物是鸳鸯吗？它们是爱情的模范吗？

鸳鸯

由来历史

鸳鸯又名乌仁哈钦、官鸭、匹鸟、邓木鸟，小型游禽。鸳指雄鸟，鸯指雌鸟，英文名意为"中国官鸭"。鸳鸯是亚洲的一种亮斑冠鸭，颈部具有由绿色、白色和栗色所构成的羽冠，胸腹部纯白色；背部浅褐色，肩部两侧有白纹2条；最内侧两枚三级飞羽扩大成扇形，竖立在背部两侧，非常醒目，雌性背部苍褐色，腹部纯白。雄鸳鸯覆羽与雌鸳鸯相似，胸部具在粉红色小点。眼棕色，外围有黄白色的环，嘴红棕色。

鸳鸯是经常出现在中国古代文学作品和神话传说中的鸟类。鸳鸯是一种候

鸟，栖息于山地河谷、溪流、苇塘、湖泊、水田等处。它以植物性食物为主，也食昆虫等小动物。

鸳鸯善于行走和游泳，飞行力也强。

鸳鸯栖息于内陆湖泊及山麓江河中，筑巢在多树的小溪边或沼泽地、高原上的树洞中。洞口距地面10～15米，洞内垫有木屑及亲鸟的成羽。

鸳鸯繁殖期成对活动，非繁殖期多成小群活动。民间传说鸳鸯一旦配对，终身相伴。据传说，如配偶一方因故死亡，则另一方从此独居，视为爱情的象征。但据观察结果表明，该鸟并非如此，有些科普文章戏称之为"爱情的骗子"。

鸳鸯每年4～6月在山区溪流、水潭附近的大树洞内产卵孵化。产卵6～10枚或更多，圆形卵呈灰黄色或白色，重45～52克。人工笼养环境中，孵卵由雌鸟担任。小鸳鸯出壳不久便能正常活动，跟随父母从树洞里跃入水中，游玩觅食，一般留巢一两个月后开始学飞，仍同父母一起生活。

趣味故事

在每年春天的繁殖季节里，雄性鸳鸯都需要通过展示华丽的羽毛和强健的体魄，甚至激烈的搏斗，战胜对手，才能获得雌鸟的芳心。一旦配对成功，再不分开，直至这一个繁殖季节结束。雌鸟选择配偶时，实际上是选择了把最好的雄鸟的基因遗传给自己的后代，使后代有更强大的生存能力。

自古以来，鸳鸯就是中国传统文化中的吉祥鸟。元稹在《有鸟》诗中写道："有鸟有鸟毛羽黄，雄者为鸳雌为鸯。"崔豹在《古今注》中述：鸳鸯"鸟类，雌雄未尝相离，人得其一，则一必思而死，故谓匹鸟"。所以，我国人民自古以来就以亲昵无间的鸳鸯比喻夫妻相亲相爱，永不分离。唐代卢照邻的"得成比目何辞死，愿做鸳鸯不羡仙"成为歌颂爱情的千古绝唱。人们对成双成对的事物总喜欢以鸳鸯名之，如"鸳鸯剑"、"鸳鸯炉"。布置洞房，也总名以鸳鸯房、鸳鸯灯、鸳鸯烛、鸳鸯枕、鸳鸯被、鸳鸯鞋……寄托着人们美好的愿望。民间装饰纹样鸳鸯、桂花和莲子分别寓意"鸳鸯贵（桂）子（籽）"、"鸳鸯连（莲）子"，用来祈求夫妻双双忠贞不渝，永偕到老，子孙功成名就的幸福生活。

鸳鸯多在东北北部、内蒙古繁殖；东南各省及福建、广东越冬；少数在台湾、云南、贵州等地是留鸟。福建省屏南县有一条11千米长的白岩溪，是中国第一个鸳鸯自然保护区。溪水深秀，两岸山林恬静，每年有上千只鸳鸯在此越冬，又称鸳鸯溪。

14. 会飞的不一定都是鸟，我是蝙蝠，我为自己代言

你们知道吗

妈妈，会飞的都是鸟吗？

爸爸，蝙蝠到底是什么啊？它是哺乳动物吗？

由来历史

鸵鸟

人们常用"飞禽走兽"一词来形容鸟类和兽类，但这种说法并不一定正确，因为有一些鸟类并不会飞，如鸵鸟、鸸鹋、几维鸟和企鹅等；同样也有一些兽类并不会走，如生活在海洋中的鲸类等。而蝙蝠类不但不会像一般陆栖兽类那样在地上行走，却能像鸟类一样在空中飞翔。

蝙蝠是哺乳类中古老而十分特化的一支，因前肢特化为翼而得名，分布于除南北两极和某些海洋岛屿之外的全球各地，以热带、亚热带的种类和数量最多。由于"蝠"字与"福"字同音，所以受到人们的喜爱，将它的形象画在年画上。

蝙蝠

蝙蝠的口很宽阔，口内有细小而尖锐的牙齿，适于捕食飞虫。由于蝙蝠长得奇形怪状，关于它的品类，历来就有许多不同的说法。有人说它是非鸟非兽的怪物，甚至也有人牵强附会地说，蝙蝠是老鼠成"精"，因

为两者不仅外形相像，而且生活习性相同。你看，它们都住在阴暗、潮湿的洞穴里，都喜欢在夜晚出来活动，也都会发出吱吱的叫声……就这样，蝙蝠才不明不白地蒙受了"名誉"上的千古奇冤。

近现代的生物学研究发现，蝙蝠和鸟只是形似，在本质上却有着很大的差异。比如，鸟的喙是角质的，嘴里没有牙齿，而蝙蝠的嘴里却有细小的牙齿；蝙蝠会飞，但它的"翅膀"其实只是异化了的前肢，上面粘连着一层薄薄的翼膜，这和鸟类的羽翼是根本不同的；更明显的不同是，鸟类都是卵生的，蝙蝠却是胎生的。因此，无论从哪个角度讲，蝙蝠都和虎、豹、豺、狼一样，是不折不扣的兽类，而不是鸟。只不过，它是会飞的小兽而已。

蝙蝠类是唯一真正能够飞翔的兽类。蝙蝠有用于飞翔的两翼是由联系在前肢、后肢和尾之间的皮膜构成的。蝙蝠善于在空中飞行，能作圆形转弯、急刹车和快速变换飞行速度等多种"特技飞行"。蝙蝠隐藏在岩穴、树洞或屋檐的空隙里，黄昏和夜间飞翔空中。

蝙蝠一般都有冬眠的习性，但冬眠不深，有时还会排泄和进食，惊醒后能立即恢复正常。它们的繁殖力不高，而且有"延迟受精"的现象，即冬眠前交配时并不发生受精，精子在雌兽生殖道里过冬，至次年春天醒眠之后，经交配的雌兽才开始排卵和受精，然后怀孕、产仔。

到了夏季，雌蝙蝠生出一只发育相当完全的幼体。初生的幼体长满了绒毛，用爪牢固地挂在母体的胸部吸乳，在母体飞行的时候也不会掉下来。

趣味故事

作为兽类，蝙蝠有一种出奇的本领，在迷蒙的暮色里，捕食在半空中飞走的昆虫，就如探囊取物一般。在科学不甚发达的时代，有人认为，蝙蝠一定有一双明察秋毫的"夜明眼"。但现代的科学实验证明，这家伙的视力差劲之极，即使对咫尺之内的东西也视而不见。那么，蝙蝠扑起昆虫来，又怎么会有那样出神入化、百发百中的能耐呢？

原来，它另有一种令人叫绝的"特异功能"。据科学家观察，它的喉咙能发出很强的超声波，而它高高耸立的耳朵又有着非常复杂的结构，成为一个接收超声波的仪器。当超声波在空中遇到空中飞行的小虫，便被反射回来。它的耳朵听到回声，便可以准确判断小虫的位置，然后如迅雷不及掩耳般直扑过去，把这些胆大包天、胆敢阻挡它声波的家伙抓住，美餐一顿。尤其令人不可思议的是，它甚至可以根据反射回来的声波，准确判断拦路的是食物还是树木、高墙等障碍物，从而做到百发百中、有的放矢。

当蝙蝠在飞行时，喉内能够发出一个简单的生物波，如被物体弹回就会形成回声，蝙蝠可以分析回声的频率、音调和声音间隔等声音特征，决定物体的性质和位置。

蝙蝠用回声定位来捕捉昆虫的灵活性和准确性，是非常惊人的。有人统计，蝙蝠在几秒内就能捕捉到一只昆虫，一分钟可以捕捉十几只昆虫。同时，蝙蝠还有惊人的抗干扰能力，能从杂乱无章的充满噪声的回声中检测出某一特殊的声音，然后很快地分析和辨别这种声音，以区别反射音波的物体是昆虫还是石块，或者更精确地决定是可食昆虫，还是不可食昆虫。人们通常把蝙蝠的这种探测目标的方式，叫做"回声定位"。

体型较大的狐蝠

科学统计

蝙蝠最小的体重仅1.5克，最重的一种狐蝠，则重达1千克。

15. 变色是特长，变色龙们的时装秀

色彩多样的变色龙

你们知道吗

妈妈，你知道为什么变色龙会变色吗？

爸爸，除了变色龙，还有什么动物会变色呢？

由来历史

某些动物的体色在一定范围内随背景改变的一种特性，是动物对生存环境

的一种特殊适应。变色的目的是躲避天敌，传情达意。

变色龙是一种"善变"的树栖爬行类动物，是自然界中当之无愧的"伪装高手"，为了逃避天敌的侵犯和接近自己的猎物，会在不经意间改变身体颜色，然后一动不动地将自己融入周围的环境之中。

变色龙的皮肤会随着背景、温度的变化和心情而改变；雄性变色龙会将暗黑的保护色变成明亮的颜色，以警告其他变色龙离开自己的领地；有些变色龙还会将平静时的绿色变成红色来威吓敌人。

不是只有变色龙会变色，在地球上还有很多会变色的生物存在，让我们来看看吧。

新疆阿尔泰山区有一种变色的稀有珍禽岩雷鸟，羽毛会随着季节的变化而变换颜色。冬天，它变得银装素裹，浑身雪白；春天，穿上淡黄色的春装；夏天，羽毛变成了栗褐色；秋天羽毛又变成暗棕色。

在湖北神农架林区发现一种珍奇动物"变色鹿"。它的皮毛能随四季草木颜色的变化而变化。春季草木葱茏，鹿毛呈绿色；夏季草木由绿转黄，鹿的体色变成黄绿色；秋季草木枯黄，鹿毛呈现金黄色或黄褐色；冬季草木凋零时，它的毛色也换成了麻色。

岩雷鸟

在非洲东南部的印度洋上的马达加斯加岛上栖息着一种"变色蛇"，能随环境变化而变色：它游在青草上，全身立即变成青绿色；蜷缩在悬崖峭壁的岩石裂缝或盘缠在树的枯枝上，变成黑褐色；如果爬在红色土壤上或天蓝色的地毯上，它的体色马上又变成胭脂红或天蓝色，凡此种种。

在古巴热带森林中的变色蜗牛，体色可随食物的不同化学成分而发生变化：时而像晶莹的绿翡翠，时而像瑰丽的红宝石，也就是它的体色的变化与吃的东西有关。

北美洲有一种牛蛙，它的体色有时是黄绿色的；有时是翠绿色的；有时是灰褐色；始终同周围的水草、泥土的颜色溶为一体，非常适应。还有一种雨蛙，也是变色能手。它们在一般情况下是黑色的，但当它处在光天化日之下或粗糙而浅淡的物体上时，皮肤就会变成浅色；在阴暗角落生活时，肤色会骤然变深；如果在干燥的环境中，肤色就会变得苍白。

趣味故事

变色龙为什么能变色呢？这引起了人们的兴趣。科学家经过反复研究，终于发现了其中的奥妙。

原来，在变色龙皮肤里面有着各种色素细胞，它们决定着体表的颜色。这些色素细胞服从神经中枢的指挥，按照神经中枢的命令改变着皮肤的颜色。

每当变色龙改变生活环境，神经中枢会根据环境颜色向色素细胞发出命令，让它改变体表的颜色，与环境颜色协调一致。

变色龙为什么要不厌其烦地变来变去呢？原因很简单，变色是它保护自己不被伤害的法术。变色龙是位弱小的动物，缺乏自卫能力，万一让敌害盯住，就很难活命了，所以，为了生存，在长期的生活中它练就了一身变色本领，以便蒙骗敌人的眼睛！

变色龙还有一处比其他动物高明，那就是它的一双眼与众不同。它的左右两眼能够各自独立运动，一只眼睛向上看的同时，另一只眼睛却能向前看，或者向下、向后看，即使身体不动，它对周围情况也能一览无余，了如指掌。

科学统计

变色机制同色素细胞有密切关系。色素细胞有两种基本类型：一种见于头足类，由一个有弹性的囊状细胞和2～20条辐射肌纤维组成，肌纤维收缩时可把中央的色素细胞拉开，动物的颜色变深，肌纤维舒张时，色素细胞缩小，动物的颜色变浅；另一种见于脊椎动物，如黑色素细胞，没有肌纤维，但周围有许多突起，可伸展到其他细胞之间。当细胞内的黑色素沿突起向外扩散时皮肤变深，当黑色素集中时皮肤变浅。

变色主要受神经系统和内分泌系统控制，具体情况则依种类而有所不同。乌贼的体色主要受神经系统控制，刺激神经系统可引起体色变化。有些头足类的唾液腺

海鸥

可分泌5—羟色胺，有助于控制色素细胞。爬行动物色素细胞的调节比较复杂，有的色素细胞只受内分泌系统控制，有的只受神经系统控制，而有的则既受神经系统控制又受内分泌系统控制。

动物体色在个体发育的不同阶段也完全不同，如蝶蛾类幼虫的体色可能与成虫的完全不同。大多数海鸥孵化后第一年为深灰或褐色，后来逐渐变为白色。招潮蟹的体色白天变深，夜间变浅。七鳃鳗、蛙、角蜥等很多脊椎动物，体色变化也有昼夜节律。爬行动物体色变化的昼夜节律与体温调节有关。

16. 有刺的不一定是仙人球，我是刺猬

你们知道吗

妈妈，为什么刺猬的背上有那么多的刺呢？

爸爸，刺猬有什么特性吗？

刺猬

由来历史

刺猬别名刺团、猬鼠、偷瓜獾、毛刺等，是哺乳动物。最普遍的刺猬种类是学名为"欧洲刺猬"的普通刺猬，广泛分布在欧洲、亚洲北部，在中国的北方和长江流域也分布很广。这种刺猬冬天冬眠，在苏南民间又被叫做"偷瓜獾"。它的形态和温顺的性格非常可爱，有些品种只比手掌略大，因而在澳大利亚有人将它当宠物来养。刺猬喜欢打呼噜，和人相似。

刺猬是一种长不过25厘米的小型哺乳动物，嘴尖，耳小，四肢短。身单力薄，行动迟缓。刺猬体肥矮，爪锐利，眼小，毛短，浑身有短而密的刺，遇敌害时能将身体卷曲成球状，将刺朝外，保护自己。

白蚁

刺猬是杂食性动物，在野外主要靠捕食各种无脊椎动物和小型脊椎动物以及草根、果、瓜等植物为生。它最喜爱的食物是蚂蚁与白蚁，当嗅到地下的食物时，会用爪挖出洞口，然后将长而粘的舌头伸进洞内一转，即获得丰盛的一餐。刺猬在夜间活动，嗅觉灵敏，以昆

虫和蠕虫为主要食物，一晚上能吃掉200克的虫子。

狐狸

刺猬不能稳定地调节自己的体温，有忍耐蛰伏期体温和代谢率降低的能力，以此度过寒冷、炎热或食物短缺的困难时期。刺猬在秋末开始冬眠，直到第二年春季，气温暖到一定程度才醒来。分布在阿拉伯、撒哈拉沙漠的沙漠猬进行夏眠。

刺猬的主要天敌是貂、猫头鹰和狐狸等食肉动物。

当它在环境中发现某些有气味的植物时，会将其咀嚼然后吐到自己的刺上，使自己保持当地环境的气味，以防止被天敌发觉，也使其刺上可能沾染某些毒物，以抵抗攻击它的敌人。

刺猬每年4月开始婚配生育，一年一胎。初生幼仔背上的毛稀疏柔软，但几天后能逐渐硬化变为棘刺。入冬后，进入冬眠，要足足睡上五个月，才肯重新出来活动。

趣味故事

春秋秦文公的时候，陕西陈仓有个人在挖土的时候捉到一只奇怪的动物。按照当时的记载，它"形如满囊，色间黄白，短尾多足，嘴有利喙"，陈仓人觉得把这样稀罕的动物当作瑞兽献给文公，一定能得到很多赏赐，于是，兴冲冲地拿着这种动物回去。在路上碰到两个诡异的童子，那两个童子拍着手笑道："你残害死人，现在还是被活人逮住了吧！"陈仓人十分诧异，"二位小哥，此话怎讲？""我们说的是你手上的'东西'，它叫刺猬，习惯在地下吃死人的脑子，因此，得了人的精气，能够变化。"两个童子嘻嘻哈哈，"你要抓好它，别让它跑了！"这时候，陈仓人手上的刺猬忽然也开口说起人话来："他们两个童子，其实是野鸡精，叫做陈宝，你抓住雄的可以称王，抓住雌的可以称霸。"那人反应极快，立刻舍了刺猬去捉童

被称为"仙人衣"的刺猬皮

43

子，两个童子忽然变成两只斑斓的雉鸡振翅飞走了，再回头看刺猬，也早已不知去向！

传说中的刺猬和黄鼠狼、水獭、狐狸一样，位列"仙班"，在中医上，刺猬皮被称为"仙人衣"，以往在民间是很少会有人敢大肆捕杀它们的。

科学统计

刺猬年产仔1~2胎，每胎3~6仔。刺猬适应能力强，疾病较少，没有传染性疾病，只要饲养管理和卫生措施得当，刺猬是很少得病的，主要疾病是肠炎、皮癣、寄生虫等，一般用人类相应的药物就可治疗。由于刺猬性格温顺，不会随意咬人，动作举止憨厚可爱，深得少年儿童的宠爱，逐渐成为人们喜爱的家庭宠物。

刚出生的小刺猬

刺猬是一种性格非常孤僻的动物，喜安静、怕光、怕热、怕惊。一般刺猬能存活4~7年，但作为宠物的刺猬，据记载有曾存活达16年的。

普通刺猬不易作为宠物饲养。作为宠物的刺猬是由普通刺猬和非洲的"四趾刺猬"杂交培育的，不冬眠，个头较小，不耐寒。

17. 袋鼠的有袋生活

你们知道吗

妈妈，袋鼠是从袋子里生出来的吗？

爸爸，袋鼠妈妈是怎么孕育和照顾袋鼠小宝宝的呢？

由来历史

生活于澳大利亚东南部开阔的草原地带的大赤袋鼠是最大的有袋动物，也是袋鼠类的代表种类，堪称现代有袋类动物之王。

袋鼠属于有袋目动物。有袋目是哺乳动物中比较原始的一个类群，目前世界上总共才有150来种，分布在澳洲和南北美洲的草原上和丛林中。在有袋目动

44

大赤袋鼠

物当中，红袋鼠最有名。

红袋鼠又名大赤袋鼠，是袋鼠科中体型最大的一种，是澳大利亚的特产动物之一。红袋鼠其实只有雄性体色是红色或红棕色，雌性体色都呈蓝灰色。大赤袋鼠的形体似老鼠，仿佛一只特大的巨鼠。其实，它与老鼠并没有什么亲缘关系。它的体毛呈赤褐色，体长130～150厘米，尾长120～130厘米，体重70～90千克。头小，颜面部较长，鼻孔两侧有黑色须痕。眼大、耳长，相貌奇特，惹人喜爱。袋鼠前肢短小，后脚长而有力，行进时，完全以后脚来跳，大尾巴则保持平衡。

大赤袋鼠多在早晨和黄昏活动，白天隐藏在草窝中或浅洞中。喜欢集成20～30只或50～60只群体活动，以草类等植物性食物为主。它胆小而机警，视觉、听觉、嗅觉都很灵敏。稍有声响，它那对长长的大耳朵就能听到，于是便溜之大吉了。

动物园里的袋鼠

在欧洲的一家动物园里，有一次一只大袋鼠突然一跃而起，越过两米多高的墙头，跳到隔壁的河马池旁边，用前爪抓伤了河马的鼻子，吓得河马不知所措。

在野外，大袋鼠被敌害追赶的时候，有它们独特的反击办法。它们背靠大树，尾巴拄地，用有力的后腿狠狠地蹬踢跑过来的敌害腹部。

袋鼠妈妈可同时拥有一只在袋外的小袋鼠，一只在袋内的小袋鼠和一只待产的小袋鼠。

生活在袋内的小袋鼠

小袋鼠长到四个月的时候，全身的毛长齐了，背部黑灰色，腹部浅灰色，显得挺漂亮。五个月的时候，有时候，小袋鼠探出头来，母袋鼠就会把它的头按下去。小袋鼠越来越调皮，头被按下去，它又会把腿伸出来，有时还把小尾巴拖在袋口外边。有时候，这么大的小袋鼠也会在育儿袋里拉屎撒尿，母袋鼠就得经常"打扫"育儿袋的卫生：它用前肢把袋口撑开，用舌头仔仔细细地把袋里袋外舔个干净。小袋鼠在育儿袋里长到七个月以后，开始跳出袋外来活动。可一受惊吓，它会很快钻回到育儿袋里去。这时候的育儿袋也变得像橡皮袋似的，很有弹性，能拉开能合拢，小袋鼠出出进进很方便。

最后，小袋鼠长到育儿袋里再也容纳不下了，它只好搬到袋外来住。可它还得靠吃妈妈的奶过日子，就把头钻到育儿袋里去吃奶。

经过三四年，袋鼠才能发育成熟，成为身高1.6米、体重100多千克的大袋鼠。这时候，它的体力发展到了顶点，每小时能跳走65千米路；尾巴一扫，就可以致人于死地。

而母袋鼠呢，由于长着两个子宫，右边子宫里的小仔刚刚出生，左边子宫里又怀了小仔的胚胎。袋鼠长大，完全离开育儿袋以后，这个胚胎才开始发育。等到40天左右，再用相同的方式降生下来。这样左右子宫轮流怀孕，如果外界条件适宜的话，袋鼠妈妈就得一直忙着带孩子。

趣味故事

一般认为，袋鼠最早是由英国航海家詹姆斯·库克发现的，其实并非如此。在他之前140年，荷兰航海家弗朗斯·佩尔萨特于1629年就遇上了袋鼠。那一年，佩尔萨特的轮船在澳大利亚海岸附近搁了浅，看见了袋鼠以及悬吊在它的腹部的育儿袋里的乳头上的幼仔。但是，这位细心的船长竟错误地推测，幼仔是直接从乳头上长出来的。不过，他的报道并没有引起大家的注意，很快就被人们完全忘记了。而库克船长第一次看见袋鼠的时间是1770年7月22日，那一天他派几名船员上岸去给病员打鸽子，改善生活。那是在澳洲大陆指向新几内亚的那个"手指尖"——约克半岛附近。现在的库克豪斯就坐落在这里，这个城市是以伟大的航海家库克的名字命名的。人们打猎回来以后，说看到一种动物，有猎犬那么大，样子倒蛮好看，老鼠颜色，行动很快，转眼之间就不见了。

两天以后，库克本人证实了船员们所说的并没有错，他自己也亲眼看见了这种动物。又过了两周，参加库克考察队的博物学家约瑟夫·本克斯带领四名船员，深入内地进行为期三天的考察。后来，库克是这样记载的："走了几里之后，他们发现四只这样的野兽。本克斯的猎狗去追赶其中两只，可是它们很快跳进长得很高的草丛里，狗难以追赶，结果让它们跑掉了。据本克斯先生观察，这种动物不像一般兽类那样用四条腿跳，而是像跳鼠一样，用两条后腿跳跃。"有趣的是，由于他们对这种前腿短、后腿长的怪兽感到非常惊异，就问当地的土著居民怎样称呼这种动物，土人回答："康格鲁。"于是，"康格鲁"便成了袋鼠的英文名字，并沿用至今。可是人们后来才弄明白，原来"康格鲁"在当地土语中是"不知道"的意思。

澳大利亚之所以让袋鼠作为国徽上的动物之一，还有一个原因，就是它永远只会往前跳，永远不会后退，希望人们也有像袋鼠一样永不退缩的精神。

科学统计

红袋鼠善于跳跃，能跳7～8米远，1.5～1.8米高。大袋鼠只有澳洲才有，被澳大利亚人民视为他们国家的象征。在澳大利亚的国徽上，就有大袋鼠的形象，我们动物园里的大赤袋鼠、大灰袋鼠，就是直接来自澳大利亚的"贵客"。

在欧洲人进入澳洲大陆之前，大袋鼠的足迹几乎遍及整个澳洲大陆。然而，到了四五十年前，澳大利亚野生大袋鼠的数量却急剧减少，不少人甚至担心这种珍贵动物会走向绝灭，呼吁人们保护它们。以后，由于得到了妥善保护，袋鼠的数量又逐渐增加。据估计，澳大利亚一共有1200万只各种种类的袋鼠，这是个很惊人的数字。

18. 沙漠中的"耐旱"居民——跳鼠、沙蜥、沙鸡、地鸦

你们知道吗

妈妈，你知道沙漠里的顽强生命吗？
爸爸，死亡之虫真的存在于这个世界上吗？

由来历史

沙漠里的一些小动物都具有耐旱的生理特点。它们不需要喝水，能直接从植物体中取得水分和依靠特殊的代谢方式。

沙漠中的有蹄类食草动物，除野骆驼外，还有野马和野驴。它们都具有长距离迅速奔跑和长时间耐渴的本领，并能从植物中取得水分。

野驴

沙漠戈壁地区最常见的有蹄类还有鹅喉羚、高鼻羚羊（赛加羚羊），这两种野羊都特别善跑，每小时能跑90千米。

高鼻羚羊

沙漠地区的鸟类典型代表是沙鸡，以地栖和有迅速奔跑的能力为特征。沙鸡腿上生长羽毛，能防止沙地的炎热，适应于沙中奔跑。

地鸦也是沙漠地区典型的鸟类，体色与沙的颜色相似，也能在沙中疾走，在灌丛中窜来窜去地觅食昆虫和蜥蜴。

沙漠中的淡水贵如油，动物的生存竞争也围绕着水展开。恶劣的环境下，沙漠动物也练就了一身觅水求生的本领。

沙漠中过穴居生活的主要是一些啮齿类动物，典型的代表为跳鼠，还有多种沙鼠，如子午沙鼠、长爪沙鼠、柽柳沙鼠、大沙鼠等。沙漠中的

沙鸡

沙鼠

啮齿类动物大都体色沙黄的，便于在沙漠中掩蔽。它们共同的特点是后肢特长，足底有硬毛垫，适于在沙地上迅速跳跃，在风沙中也能一跃达60～180厘米。极小的前肢仅用于摄食和掘挖，而不用于奔跑。尾巴一般极长，末端扁平的长毛束就像"舵"一样，能在跳跃中平衡身体、把握方向。由于沙漠中植物稀疏，并多为灌木而多刺，在这样的环境中，跳鼠主要以植物种子和昆虫为食。

跳鼠能够从土壤中吸取水分。跳鼠得到干燥的种子之后，不急着马上吃掉，而是将种子装进特殊的颊袋中运回洞穴里。这些干燥的植物种子有着很高的渗透压，可以将洞穴中的水分统统吸收到种子里。通过这些植物种子，跳鼠从土壤中得到了水分。

沙漠里还有一些小的爬行类动物，比如沙蜥（俗名"沙和尚"）和麻蜥。它们的身上没有汗腺，在各种高温环境下都不会出汗；眼睛具有防风的眼帘。

沙蜥

沙蜥身上那些小倒刺和突起物不止是专门对付食肉动物的防身武器，还是特殊的蓄水器。沙蜥皮肤的角质层上有无数的小孔，小孔的开口在小刺之间的凹陷处，水滴正是通过小孔进入皮肤的。但深层组织却没有小孔，水分并不能长驱直入向体内纵深渗透，但也未就此打住或散失。水分在皮肤里朝头部流动，一直流到毛细管网络汇合成的两个多孔小囊里。这两个小囊长在沙蜥的嘴角两侧，是一对绝妙的水分收集器，沙蜥只要动一下颌部，水滴就会自动冒出来。

沙蜥经常会泡在不可多得的水中，用皮肤吸附大量的水分，再将水分汇集于囊中，以备不时之需。再有，沙蜥身上小刺的温度低于皮肤，一旦进入夜晚，小刺就能从空气中聚集水分而形成水滴，并迅速被皮肤吸收。

趣味故事

在戈壁沙漠里流传着一个传说，有一种长相怪异的动物，可以吐出像硫酸一样的腐蚀性液体，眼睛中放射出的电流甚至能够杀人。当地人叫它沙漠死亡之虫。

当地人关于这种动物的传说已流传了几个世纪，直到今天仍不时有人声称目击过它。据目击者称，这种怪物在戈壁沙漠的诺扬地区出没，长1～1.5米，和人的胳膊一般粗，外形很像牛的肠子。肠虫呈暗红色，有些目击者说它的身上有斑点。它的尾巴很短，其实，你很难区分肠虫的头和尾，因为谁也没有看到过它的眼睛、鼻子和嘴巴长在什么位置。它的行走方式也很特别，要么向前滚动，要么向一侧蠕动。人们只能在一年中最热的6月和7月里看到它，过了这

49

两个月，它就钻入沙土中开始"冬眠"。它一般是在雨后地面很湿时才会爬到地面。

当地牧民还说，"死亡之虫"能吐出一种像硫酸一样的黄色腐蚀性唾液，还能够在瞬间产生强大的电流，足以将一头成年骆驼电死。可是，这些都是目击者的一面之词，迄今为止，谁也没有拍到过"死亡之虫"的照片，也没有人找到足以证明"死亡之虫"确实存在的证据。正因为这种未经科学证实的怪物被当地人说得神乎其神，很多科学家才对它产生了浓厚的兴趣。

科学统计

世界上，索诺拉沙漠的生物品种最多，是世界上最完整、最大的旱地生态系统之一：生活着哺乳动物60种，鸟类350种，两栖类物种20种，爬行动物100种以上，鱼类30种，植物超过2000种。

撒哈拉沙漠中的鸟类超过300种。

19. 我自带围巾，我是松鼠

你们知道吗

妈妈，毛茸茸的松鼠真好玩，它们的大尾巴有什么用处呢？
爸爸，我想养只小松鼠，它会伤害到我吗？它们吃什么呢？

由来历史

松鼠体态优美、小巧玲珑，一直是人类喜爱的观赏动物，它们的耳朵和尾巴的毛特别的长，能适应树上生活；可以使用像长钩的爪子和尾巴倒吊在树枝上。在黎明和傍晚，也会离开树上，到地面上捕食。松鼠拥有一条大尾巴，有的几乎是身长的两倍，这条又大又长的尾巴不仅可以保暖，还可以在下降的时候起到缓冲的作用。在森林里，松鼠翘着大尾巴在树上跑来跑去，十分灵巧，而且还能从这根树枝跳到那根树枝。当它们腾空跳跃时，从来不会失足落下来，这

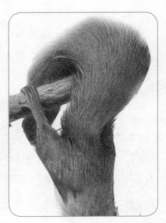

松鼠的尾巴

可是大尾巴帮助平衡的功劳。在寒冷的冬天，松鼠把那条又长又蓬松的大尾严严实实地围在头上，整个身子缩成一个团，就像围成一条大毛围巾。

松鼠在茂密的树枝上筑巢，或者利用其他鸟的废巢，有时也在树洞中做巢。它们除了吃野果外，还吃嫩枝、幼芽、树叶，以及昆虫和鸟蛋。秋天一到，松鼠就开始贮藏食物。一只松鼠常将几千克食物分几处贮存，有时还见到松鼠在树上晒食物，不让它们变质霉烂。这样在寒冷的冬天，松鼠就不愁没有东西吃了。

鸟蛋

在长白山的密林里，一到秋天，就可以看见活泼的小松鼠拖着大尾巴，在树上跳来跳去，它们在忙着采集红松球果，准备过冬的粮食。别看它个头小，一次能搬动七粒圆鼓鼓的红松种子！它们把采集到的种子埋在地下，春暖花开，被松鼠遗忘的红松子会发芽长成了一棵棵的小红松。

松鼠生儿育女的能力很强，具有成熟早、繁殖快的特点。每年的一二月间，雌雄松鼠开始谈情说爱，雄鼠摆动粗大尾巴在树冠上跳跃追逐雌鼠，此时雌鼠也是兴奋不已地热烈相随。发情期约延续两周，这期间它们的食欲都很旺

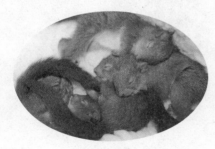

松鼠幼崽

盛。对雄性个体则要求性欲旺盛、配种能力强；而对雌性则要求母性强，胎产数多，泌乳量充足的个体。配种时以一雄一雌或一雄多雌的交配方式，松鼠怀孕的时间大约为35～40天，4月初进入哺乳期，每年能产仔3次左右，每次能产4～6只。只要食物充足，松鼠的雌性个体就能繁殖较多个体，有着较强的繁殖力。初出生的幼仔以母体乳汁作为全部营养需求的来源，因此，此时应该要特别注意母体的营养状况。小松鼠刚生下时很小，看不见东西，发育很慢，生下将近30天时才睁开眼睛；至一个半月时，小松鼠才愿意到室外进行活动。

趣味故事

被松鼠当作食物的硬壳果种类很多，松鼠不能都用同一方法去弄碎，而要

——区别对待。

德国的一位动物学的科学家，特别设计了一个巧妙的实验，他在天然环境中养大松鼠，但不给它们任何硬壳果，让它们没有碎裂硬壳果的练习机会，用这样的方法，去判断有经验的松鼠咬开榛子时那种干净利索的方法是否属于"一种天生的本性"。他很快就发现松鼠虽然凭借天然本能就会识别转动和碎裂硬壳果，但要经过"反复尝试"这一过程，方能有效地操作自如。

一只从未见过榛子的成熟松鼠首次去咬破榛子，会不停地咬，最后虽然咬开了榛子，但在壳上留下了不少齿痕。第二次，松鼠就有进步了，咬破后的果壳比第一次好看些，但所花的时间仍然很长。通过再次练习后，松鼠进步更大，它先咬榛壳末端较软部分，从它和较硬部分连接处下嘴，把整片咬掉；最后，松鼠终于发现榛壳本来有天然的沟纹，深咬沟纹可毫不费力地咬开榛子。

这一实验证明了打开硬壳果是松鼠的天生欲望，抱着硬壳果去咬正是它的本能，但碎裂某种硬壳果所需的缜密配合的行动，则是需反复尝试学得的技巧。

科学统计

啮齿动物占哺乳动物的40%～50%，个体数目远超过其他哺乳动物的总和。据估计，全世界共有1590～2000种。

松鼠科可按生活环境不同分为树松鼠、地松鼠和石松鼠等。全世界近35属212种，中国有11属24种，其中岩松鼠和侧纹岩松鼠是中国特有动物。

松鼠

20. 两懒，树懒和"懒猴"

你们知道吗

妈妈，你知道世界上最懒的动物是什么吗？
爸爸，为什么会有动物喜欢挂在树上呢？它们要怎样生存呢？

在拉丁美洲的热带森林中，栖息着一种世界上最懒的动物——树懒。它们主要分布在巴西、圭亚那、厄瓜多尔、秘鲁、巴拿马、尼加拉瓜和西印度群岛。它是一种无害树栖的贫齿目动物。头又圆又小，耳朵也很小，而且隐没在毛中，尾巴很短。

树懒有两大特点，一是它的倒挂术，二是它的伪装术。倒挂在树上是它的习性，它可以四肢朝上，脊背朝下，一动不动地挂在树上几小时，饿了摘些树叶吃，食物不足时，它也懒得去

世界上最懒的动物——树懒

寻找，它有忍饥挨饿的本事，饿上十天半个月，仍然安然无恙。它能长时间地挂在树上，是因它有一副发达的钩状爪，能够牢固地抓住树枝，并能吊起它数十千克重的身体。它能倒悬着进行攀爬和移动，从不会跌落下来；另外，热带树叶生长快，吃掉后的树叶很快会重新长出来，无需它移动地方，就有足够的食物吃，树叶汁多，环境又阴湿，用不着下地找水喝，这一切都适合它的懒习气。因此，它睡眠、休息、行动，几乎都是行背倒转的生活。由于它长期栖息在树上，偶尔到了平地，走起路来摇摇晃晃，难以立足，这是失去步行的平衡能力的结果。

树懒有高明的伪装本领，因而又有"拟猴"的别名。它很会模拟绿色植物。它本来的毛色是灰褐色，长期悬挂在树上后，身上长满绿色的藻类、地衣等，给它增添了一层保护色，挂在树上十分隐蔽，使它的敌害非常不易发现它。这些绿色的藻类，靠树懒身上排出的蒸汽、呼出的碳酸气，而滋生在它长毛的表面上。这些藻类的繁殖，除了给树懒以伪装，又给吃藻类生活的昆虫幼虫提供了共生的环境。它们靠树懒为生，树懒靠它们伪装保护自己。这种奇怪的结合，从树懒幼小时开始，一直持续到树懒死亡为止。

最好动的动物是整日蹦蹦跳跳、攀岩渡崖、没半刻安分的猴子。但世界上最懒的动物也是猴——蜂猴。

蜂猴

蜂猴身披蜂黄色的毛，背中央有一道明显的暗褐色脊纹。它外形有点像猫，又大又圆的眼睛周围有一道黑圈。

蜂猴懒到了令人难以理解的程度。白天它生活在树洞或树枝间，把身体蜷缩成一个毛茸茸的圆球球，一睡就是一天。晚上，它睁开眼睛，开始在树枝上慢腾腾地爬行，遇到可吃的东西，就随便吃上一点。也许为了减少活动量，它吃得很慢、很少，为了不动嘴，几天不吃也是常事，即使有敌害袭来，它也只是慢条斯理地抬头看上一眼，就不理不睬了。因此，它又得了一个"懒猴"的雅号。

蜂猴动作虽然慢，却也有保护自己的绝招。由于它一天到晚很少活动，地衣或藻类植物得以不断吸收它身上散发出来的水气和碳酸气，竟在它身上繁殖、生长，把它严严实实地包裹起来。这可帮了蜂猴的一个大忙，使它有了和生活环境色彩一致的保护衣，很难被敌害发现。

科学统计

动物学家依据树懒趾数多少，将其分成三趾树懒和二趾树懒两种。三趾树懒身长53厘米，两臂平伸，宽可达82厘米。它们行动缓慢，每迈出一步需要12秒，平均每分钟只走1.8～2.5米，每小时只能走100米，比以缓慢出名的乌龟还慢，是世界上走得最慢的动物。

21. 我是汗血宝马

你们知道吗

妈妈，你知道什么是"汗血宝马"吗？

爸爸，为什么马在奔跑的时候会出血呢？它出的真的是血吗？

马

由来历史

从名字看，"汗血宝马"流的汗是它身体里的血液，其实，是马的汗腺发达，皮肤较薄，奔跑时，血液在血管中流动容易被看到，给人以"流血"的感觉。

汗血宝马的原产地在土库曼斯坦。《史记》中记载，张骞出西域，归来说："西域多善马，马汗血。"所以，在中国，两千年来这种马一直被神秘地称为"汗血宝马"。其实"汗血宝马"，本名阿哈尔捷金马，此马产于土库曼斯坦科佩特山脉和卡拉库姆沙漠间的阿哈尔绿洲，是经过三千多年培育而成的世界上最古老的马种之一。阿哈尔捷金马常见的毛色有淡金、枣红、银白及黑色等。阿哈尔捷金马在历史上大都作为宫廷用马。成吉思汗等许多帝王都曾以这种马为坐骑。在中国历史文献中，阿哈尔捷金马被称为"天马"和"大宛良马"。据说，史书中的"汗血宝马"即源自阿哈尔捷金马。

汗血宝马的皮肤较薄，奔跑时，血液在血管中流动容易被看到，另外，马的肩部和颈部汗腺发达，马出汗时往往先潮后湿，对于枣红色或栗色毛的马，出汗后局部颜色会显得更加鲜艳，给人以"流血"的错觉。

趣味故事

中国对"汗血宝马"的最早记录是在2100年前的西汉，汉初白登之战时，汉高祖刘邦率30万大军被匈奴骑兵所困，凶悍勇猛的匈奴骑兵给汉高祖留下了极深的印象，而当时，汗血宝马正是匈奴骑兵的重要坐骑。

汉武帝元鼎四年（公元前112年）秋，有个名叫"暴利长"的敦煌囚徒，在当地捕得一匹汗血宝马献给汉武帝。汉武帝得到此马后，欣喜若狂，称其为"天马"，并作歌咏之，歌曰："太一贡兮天马下，沾赤汗兮沫流赭。骋容与兮万里，今安匹兮龙为友。"仅有一匹千里马不能改变国内马的品质，为夺取大量"汗血宝马"，中国西汉政权与当时西域的大宛国发生过两次血腥战争。最初，汉武帝派百余人的使团，带着一具用纯金制作的马前去大宛国，希望以重礼换回大宛马的种马。来到大宛国首府贰师城，也就是现在的土库曼斯坦阿斯哈巴特城后，大宛国王也许是爱马心切，也许是从军事方面考虑不肯以大宛马换汉朝的金马。汉使归国途中金马在大宛国境内被劫，汉使被杀害。汉武帝大怒，遂作出用武力夺取汗血宝马的决定。公元前104年，汉武帝命李广利率领骑兵数万人，行军四千余千米，到达大宛边境城市郁城，但初战不利，未能攻下大宛国，只好退回敦煌，回来时人马只剩下十分之一二。3年后，汉武帝再次命李广利率军远征，带兵6万人，马3万匹，牛10万头，还带了两名相马专家前去大宛国。此时大宛国发生政变，与汉军议和，允许汉军自行选马，并约定以后每年大宛向汉朝选送两匹良马。汉军选良马数十匹，中等以下公母马3000匹。经过长途跋涉，到达玉门关时仅余汗血宝马1000多匹。汗血宝马体形好、善解人意、速度快、耐力好，适于长途行军，非常适合用作军马。引进了"汗血宝马"的汉朝骑兵，果然战斗力大增，甚至还发生了这样的故事：汉军与外军作战中，一只部队全部由汗血宝马上阵，令敌方刮目相看。久经训养的汗血宝马，认为这是表演的舞台，作起舞步表演。对方用的是矮小的蒙古马，见汗血宝马高大、清细、勃发，以为是一种奇特的动物，不战自退。

科学统计

汗血宝马非常耐渴，即使在50℃的高温下，一天也只需饮一次水，因此，特别适合长途跋涉。

汗血宝马在高速奔跑时体内血液温度可以达到45℃～46℃，但它头部温度却恒定在与平时一样的40℃左右。

汗血宝马

22. "瀚海之舟"——骆驼

你们知道吗

妈妈，你知道什么是瀚海之舟吗？

爸爸，为什么骆驼不会觉得渴呢？为什么它们可以在沙漠里生存呢？

由来历史

骆驼是大型反刍哺乳动物，分单峰驼和双峰驼。单峰驼只有一个驼峰，双峰驼有两个驼峰，又称大夏驼，四肢粗短，适合在沙砾和雪地上行走。骆驼原产于北美，约4000万年前左右，在产地已消失。

单峰骆驼

骆驼生活在荒漠、半荒漠的沙漠地区，主要分布在北非洲和中亚、印度等热带地域。除单峰驼和双峰驼外，还有四种生活在南美洲的类似骆驼的骆驼科动物：大羊驼、阿尔帕卡羊驼、原驼、小羊驼。

在苏丹、索马里、印度及周边国家、南非、纳米比亚和博茨瓦纳，单峰骆驼仍约有1300万头存活，但野生物种已经濒于灭绝。

双峰驼曾经分布广泛，现在只剩余约1400万只，约有1000只野生双峰驼生活在戈壁滩，以及少量生活在伊朗、阿富汗、哈萨克斯坦。

骆驼是沙漠里重要的交通工具，对人非常忠诚，人们把它看做渡过沙漠之海的航船，骆驼有"沙漠之舟"的美誉。

骆驼能以稀少的植被中最粗糙的部分为生，能吃其他动物不吃的多刺植物、灌木枝叶和干草。食物丰富时，骆驼将脂肪储存在驼峰里，条件恶劣时利用这种储备。驼峰内的脂肪不仅用作营养来源，脂肪氧化又可产生水分。骆驼的胃有三室，第一胃室有20～30个水脬，可以贮水，红血球可以大幅膨胀吸水，可以多日不吃不喝，一旦遇到水草可以大量饮水贮存。

骆驼的脚掌扁平，脚下有又厚又软的肉垫子，这样的脚掌使骆驼在沙地上行走自如，不会陷入沙中。骆驼的皮毛很厚实，冬天沙漠地带非常寒冷，骆驼的皮毛对保持体温极为有利。骆驼的耳朵里有毛，能阻挡风沙进入；骆驼有双重眼睑和浓密的长睫毛，可防止风沙进入眼睛；骆驼的鼻子还能自由关闭。这些"装备"使骆驼一点也不怕风沙。骆驼熟悉沙漠里的气候，有大风快袭来时就会跪下，旅行的人可以预先做好准备。

冬季，骆驼生长出蓬松的粗毛，到春天粗毛脱落，身体几乎裸露，直到新毛开始生长。雌骆驼每产一仔，哺乳期一年。骆驼的寿命为40～50年。

趣味故事

1000万年前，骆驼生活在北美洲，骆驼远祖越过白令海峡到达亚洲和非洲，并演化出双峰驼和人类驯养的单峰驼。单峰骆驼在数千年前已开始在阿拉伯中部或南部被驯养。

专家表示，一些人认为单峰骆驼早在公元前4000年已被驯养，而其他大部分人则认为是公元前1400年。约于公元前2000年，单峰骆驼逐渐在撒哈拉沙漠地区居住，但在公元前900年左右又再次消失于撒哈拉沙漠，大多是被人类捕猎的。后来埃及入侵波斯时，冈比西斯二世把已经被驯养的单峰骆驼传入波斯地区。被驯养的单峰骆驼在北非被广泛使用。

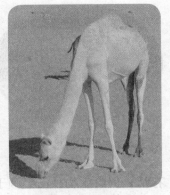
撒哈拉沙漠中的单峰骆驼

在第四世纪，更强壮和耐久力更强的双峰骆驼首度传入非洲，人们愈来愈多地使用它们，装运更多更重的货物，跨撒哈拉的贸易终于得以进行。

科学统计

骆驼的平均寿命可长达30～50年。据记载，骆驼曾17天不饮水仍能存活下来。骆驼能一口气喝下100升水，并在数分钟内恢复丢失的体重。

双峰驼载物的速度可达10～15千米/小时，每天可行程30～35千米；单峰驼一般为2～3千米/小时，负重为165～220千克。骆驼在气候恶劣、水草供应不足的情况下，仍可坚持运输。一般说来，双峰驼的驮重约为体重的33.8%～43.1%，即100～200千克，短途运输时，可驮重250～300千克，行程每天可达30～35千米。

23. 慢慢来、活得久，千年王八万年龟

你们知道吗

妈妈，不是总有人说生命的意义在于运动吗？为什么乌龟那么长寿呢？

爸爸，为什么乌龟能活那么多年？有哪些特殊的乌龟呢？

由来历史

乌龟别称金龟、草龟、泥龟、山龟和花龟等。乌龟已经在地球生存了几千万年，最早见

乌龟

于三叠纪初期，和恐龙系同时期的动物。

乌龟主要特征为身体的重要器官藏在一保护壳内。无齿，大部分品种的龟行动缓慢，无攻击性，四肢粗壮、适于爬行，脚短或有桨状鳍肢，具有保护性骨壳，覆以角质甲片。

乌龟与陆龟都是以甲壳为中心演化而来的爬行类动物。简单地说，乌龟为水栖动物，陆龟则为陆栖动物，还有一些乌龟是半陆栖动物。

陆龟

乌龟属半水栖、半陆栖性爬行动物，一般生活在溪、河、湖、沼泽、水库和山涧中，有时也上岸活动。白天多陷在水中，夏日炎热时成群地寻找阴凉处。乌龟是杂食性动物，在自然环境中，乌龟以蠕虫、螺类、虾及小鱼等为食，也吃植物的茎叶、浮萍、瓜皮、麦粒、稻谷、杂草种子等。

乌龟耐饥饿能力强，数月不食也不致饿死。性情温和，相互间无咬斗。遇到敌害或受惊吓时，便把头、四肢和尾缩入壳内。

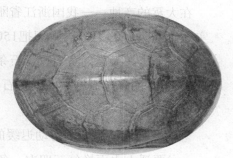
可以计算年龄的龟壳

乌龟背甲有疏松较宽的同心环纹圈，同树木的年轮相似，当经历一个停止发育的冬天，就出现一个年轮。依此可以判断乌龟的年龄：即盾片上的同心环纹多少，然后加1，等于龟的实际年龄。

世界上有些种类的龟很有趣：

① 冰龟

在坦桑尼亚的一种冰龟，体温经常保持在2℃～3℃。当盛夏来临时，居民把它捉来放在菜橱里，可以起到冷藏作用，食物不易变馊。冰龟既不融化，又能忍饥挨饿，胜过冰块。

② 火龟

有个名叫萨拉卡的地方，是号称世界"火炉"所在地，整天热浪袭人，居民们只得把门窗关闭起来。当地有一种能驱除热气的火龟，居民将它们一只只串起来，遮在窗户上面，就能防止热气冲入室内。

③ 香味龟

尼日尔的香味龟，头顶上有一个香腺，能放出非常浓烈的香味。这种香味能杀死霉菌，又不会使食物变质，当地居民便常常把香味龟放在食品柜里，以防止食物腐烂。

④ 长寿龟

1984年，韩国顺天湾的渔民，捉到一只背甲像棋盘似的花纹老龟。它的背上面满是壮蛎和苔藓，估计有七百余岁高龄。它在捕获者家里叫了一昼夜，第二天在居民们的簇拥下，给它灌了一升米酒，又放回了海里。

趣味故事

鼋是与龟、鳖同一类的爬行动物。它身躯硕大，体力强悍，堪称"大力士"。

在大鼋的产地——我国浙江省瓯江，有人实地测量过鼋的力气。人们把150千克重的青石条全压在大鼋的背上，青石条上再站6名身强力壮的青年。结果驮着青石条和6个人的鼋，稳稳当当地向河边爬去。

鼋

鼋是一种性情温和、行动迟缓的爬行动物，平常喜欢藏在水底栖身。夏天它每小时要浮上水面换气三四次，冬天里则隐在水底黄沙中冬眠。

鼋食量很大，一次能吃下十千克到数十千克重的食物，但也可以数十天不吃东西，它有异乎寻常的耐饥力，而且个性极强。

它脾气倔强，一旦被人擒住，它会采取绝食的方式，表示反抗。这时它立即将吞入肚中的螺蚬、石块一古脑儿吐出来，以死相要挟。

鼋对人来说还是友好的。它在平静的生活中是不伤人的，还有点羞于见人，瞧到人影便迅速沉入深水中，避之唯恐不速。假若有人对它不礼貌，进行挑衅，在河岸将它围困、逗引、嬉戏、踢打，那么，它会恼羞成怒，对你不客气，突然向你攻击，趁你不备之时伸头咬你一口，而且咬住不放，让你活受罪。

鼋的捕食也自有绝招，它习惯于伏击，先埋身于河底黄沙之中，仅露鼻子与眼睛在外面，当有鱼儿游近时，它张嘴伸颈，以迅雷不及掩耳之势将鱼儿咬住。这办法几乎是百发百中。

　　鼋在我国仅分布在云南、广东、福建、浙江、江苏等地，自然界的江河湖泊中数量已经很少。不过鼋可以人工养殖，将来饲养鼋多起来，人们就能够经常欣赏到它的姿容和它的捕食绝招了。

　　乌龟为变温动物。水温降到10℃以下时，即静卧水底淤泥或有覆盖物的松土中冬眠。冬眠期一般从11月到次年4月初，当水温上升到15℃时，出穴活动，水温18℃～20℃开始摄食。

　　常见的大型陆龟种类有象龟，体长1.5米，重200千克，可以载人爬行。部分品种的龟类寿命很长，有的可达三百多年。据历史记载，白龟的寿命达到800年以上，故有"千年王八万年龟"的长寿美誉佳话。

24. 横行霸道是专利，螃蟹的人生自白

螃蟹

你们知道吗

　　妈妈，螃蟹为什么总是横行霸道的呢？
　　爸爸，螃蟹有什么特点吗？它们总是横着走真的没关系吗？

由来历史

　　蟹是甲壳动物，包括小虾、龙虾、寄居蟹和真正的蟹。绝大多数种类的螃蟹生活在海里或靠近海洋，也有一些螃蟹栖于淡水或住在陆地。蟹有两个腮室，各有6条通道，即10条腿上端的细长裂缝和口相通的两条沟。水是通过头上毛茸茸的"浆"拨进腮室的。它还有扫除器叫作副肢，不断地清除腮内杂物。蟹具备了潜水艇、挖泥机、垃圾处理机的多种功能。蟹能依照体内的24小时"时钟"变换掩护色，能重新长出失去的"潜望镜"，也能随意逆转使用自己的呼吸系统。因此，它不但能在水上或水下呼吸，还能在稀泥或沙土中呼吸。

　　蟹在遇到紧急情况时，会利用巧妙的生理结构来逃生脱险。蟹的十肢都有预先长好的断线，若有一肢给掠食到（或受了伤，或夹在石头缝里），便立刻收缩一种

特别肌肉断去这一肢，趁敌害在全神贯注地对付那仍会扭动的断肢时逃走。蟹在断去肢体时连血都不流，因为蟹肢内有一种特别的膜，将神经与血管完全阻断，特别的"门"又将断处关闭。同时，血细胞立即供应脂蛋白质，开始长出新肢。

蟹靠母蟹来生小螃蟹，每次母蟹都会产很多的卵，蟹卵孵化很快，几个小时后，就变成短头盔形的水蚤幼体，长着两个突出大眼。3个月后，变成巨眼幼体，蟹形大致出现。再过几个星期，巨眼幼体顺水游到一片浅水泥浆里，变成幼蟹。此后，它就在海床上度过一生。

科学家们一直探索螃蟹横着走的原因，现在一般有以下这几种学说。

① 地磁场说

螃蟹是依靠地磁场来判断方向的。在地球形成以后的漫长岁月中，地磁南北极已发生多次倒转。地磁极的倒转使许多生物无所适从，甚至造成灭绝。螃蟹是一种古老的回游性动物，它的内耳有定向小磁体，对地磁非常敏感。由于地磁场的倒转，使螃蟹体内的小磁体失去了原来的定向作用。为了使自己在地磁场倒转中生存下来，螃蟹采取"以不变应万变"的做法，干脆不前进，也不后退，而是横着走。

② 生物学角度

螃蟹的头部和胸部在外表上无法区分，统称头胸部。这种动物的十足脚就长在身体两侧。第一对螯足，既是掘洞的工具，又是防御和进攻的武器。其余四对是用来步行的，叫做步足。每只脚都由七节组成，关节只能上下活动。大多数蟹头胸部的宽度大于长度，因而爬行时只能一侧步足弯曲，用足尖抓住地面，另一侧步足向外伸展，当足尖够到远处地面时便开始收缩，而原先弯曲的一侧步足马上伸直了，把身体推向相反的一侧。由于这几对步足的长度是不同的，螃蟹实际上是向侧前方运动的。

然而，也不是所有的螃蟹都只能横行。比如，成群生活在沙滩上的长腕和尚蟹就可以向前奔走。生活在海藻丛中的许多蜘蛛蟹还能在海藻上垂直攀爬。

③ 实验发现

通过实验发现螃蟹体内的与肢相连的骨眼（肌肉束通过的地方），对于每条肢都有上下两个骨眼（即两束肌肉）与之相连，而且其肢基部关节弯曲方向是背腹方向，所以当肌肉收缩时，便牵动肢沿背腹方向运动，螃蟹便横向运动。

钓过螃蟹的人或许都知道，竹篓中放了一群螃蟹，不必盖上盖子，螃蟹是爬不出来的。因为当有两只或两只以上的螃蟹时，每一只都争先恐后地朝出口处爬。但篓口很窄，当一只螃蟹爬到篓口时，其余的螃蟹就会用威猛的大钳子抓住它，最终把它拖到下层，由另一只强大的螃蟹踩着它向上爬。如此循环往复，无一只螃蟹能够成功。

下面是鲁迅发表于1919年的一篇短小的寓言故事。

老螃蟹觉得不安了，觉得全身太硬了。自己知道要蜕壳了。

他跑来跑去的寻。他想寻一个窟穴，躲了身子，将石子堵了穴口，隐隐的蜕壳。他知道外面蜕壳是危险的。身子还软，要被别的螃蟹吃去的。这并非空害怕，他实在亲眼见过。他慌慌张张的走。

旁边的螃蟹问他说，"老兄，你何以这般慌？"

他说，"我要蜕壳了。"

"就在这里蜕不很好么？我还要帮你呢。"

"那可太怕人了。"

"你不怕窟穴里的别的东西，却怕我们同种吗？"

"我不是怕同种。"

"那还怕什么呢？"

"就怕你要吃掉我。"

世界上约有4500种蟹，蟹大小差异很大，小的豆蟹，仅有6毫米长，而巨大的蜘蛛蟹，脚的跨距为1.5米。蟹眼180°的视角。

雌蟹一次产下18.5万粒左右的卵，有的雌蟹最多时产卵达到100万粒以上。

25. "一滩烂泥"，我是水母

妈妈，真的有像一滩烂泥一样的动物吗？

爸爸，你给我讲讲关于水母的故事吧，水母有什么特性啊？

水母

由来历史

水母是一种低等的腔肠动物，身体外形像一把透明伞，伞状体直径有大有小。普通水母的伞状体不很大，只有20～30厘米长，而大水母的伞状体直径可达两米。从伞状体边缘长出一些须状条带，这种条带叫触手，触手有的可长达20～30米，相当于一条大鲸的长度。浮动在水中的水母，向四周伸出长长的触手，有些水母的伞状体还带有各色花纹。

水母可分为三个主要的部分：一是圆形的伞体，其以一缩一放来进行游动；二是触手，在游动中用来控制运动方向，上面布满刺细胞用来捕捉及麻痹猎物；三是其他部分，包括生殖器、缘膜、消化系统、平衡囊等。

在它们的体内95%是水，3%是盐，2%是蛋白质。水母的伞状体内有一种特别的腺，可以发出一氧化碳，使伞状体膨胀。它们没有心脏、血液、鳃和

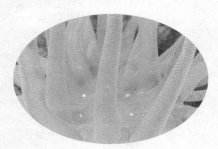
水母的触手

骨骼。它们简单的感应器官使它们能分辨气味、味道，并帮助它们在水里保持平衡。钟状体的边缘有一排圆形的小囊，当水母向一方过度倾斜的时候，这些囊就会刺激神经末梢来收缩肌肉，并把水母转到正确的方向上去。位于钟状体边缘的光感器官能使它们分辨光亮与黑暗。通过化学感受器，水母可感觉到气味和味道。通过触手和口腕上的感受器，水母还可以感到物体的运动，帮助它们寻找食物。

根据水母伞状体的不同做分类：有的伞状体发银光，叫银水母；有的伞状体则像和尚的帽子，就叫僧帽水母；有的伞状体仿佛是船上的白帆，叫帆水母；有的宛如雨伞，叫做雨伞水母；有的伞状体上闪耀着彩霞的光芒，叫做霞水母。水母的出现比恐龙还早，可追溯到6.5亿年前。水母的种类很多，全世界大约有250种左右，直径从10～100厘米之间，常见于各地的海洋中。我国常见的约有8种，即海月水母、白色霞水母、海蜇、口冠海蜇等。

海月水母

白色霞水母

　　在蓝色的海洋里，这些游动着的色彩各异的精灵显得十分美丽。1865年，在美国麻萨诸塞州海岸，有一只霞水母被海浪冲上了岸，它的伞部直径为2.28米，触手长36米。把这个水母的触手拉开，从一条触手尖端到另一条触手的尖端，竟有74米长。因此，可以说霞水母是世界最长的动物了。

冲上沙滩的大水母

　　水母在运动之时，利用体内喷水反射前进，就好像一顶圆伞在水中迅速漂游。当水母遇到敌害或者在遇到大风暴的时候，就会自动将气放掉，沉入海底。海面平静后，它只需几分钟就可以生产出气体让自己膨胀并漂浮起来。

　　水母的触手里面有一个小小的器官——"耳朵"，能够预报海洋风暴的来临，当海浪和空气磨擦而产生的次声波冲击它，便会刺激周围的神经感受器，使水母在风暴来临之前的十几个小时就能够得到信息，从海面一下子全部消失了。水母没有肺或鳃，它们通过外层的组织来呼吸，整个外层的组织都可以和海水交换氧气和二氧化碳。钟状体上有闪光的白色线条，称为径向水管，用来输送养分至水母身体的各部分。水母的触手和身体上都布满刺丝囊。这些丝囊可以在几毫秒内迅速螫伤、捕捉或征服猎物。

　　水母没有呼吸器官与循环系统，只有原始的消化器官，所以，捕获的食物立即在腔肠内消化吸收。它们的寿命大多只有几个星期或数月，也有活到一年左右，有些深海的水母可活得更长些。

　　水母虽然长相美丽温顺，其实十分凶猛，一旦遇到猎物，从不轻易放过。在伞状体的下面，那些细长的触手是它的消化器官，也是它的武器。在触手的上面布满了刺细胞，像毒丝一样，能够射出毒液，猎物被刺螫以后，会迅速麻痹而死。触手就将这些猎物紧紧抓住，缩回来，用伞状体下面的息肉吸住，每一个息肉都能够分泌出酵素，迅速将猎物体内的蛋白质分解。

一般人如果被水母刺到，只会感到炙痛并出现红肿，只要涂抹消炎药或食用醋，过几天即能消肿止痛。但在马来西亚至澳大利亚一带的海面上的海蜂水母和曳手水母分泌的毒性很强。如果被它们刺到的话，在几分钟之内就会因呼吸困难而死亡，因此，它们又被称为杀手水母。所以，当被水母刺伤，发生呼吸困难的现象时，应立即实施人工呼吸，或注射强心剂，千万不可大意，以免发生意外。

水母虽然是低等的腔肠动物，却三代同堂，令人羡慕。水母生出小水母，小水母虽能独立生存，但亲子之间似乎感情深厚，不忍分离，因此，小水母都依附在水母身体上。不久之后，小水母生出孙子辈的水母，依然紧密联系在一起。

一些水母的钟状身体内有一种特别的腺，可以发出一氧化碳，使钟状身体膨胀。一些水母伞体顶部有气囊，这些水母控制各个气囊里的充气量，亦能改变水母的运动方向。

水母并不擅长游泳，它们常常要借助风、浪和水流来移动。形态特征有赖于简单的运动方式，水母具有简洁的外形。

趣味故事

就像犀牛和为它清理寄生虫的小鸟共存一样，水母也有自己的共生伙伴。那是一种小牧鱼，体长不过7厘米，可以随意游弋在水母的触须之间，却一点儿也不害怕。遇到大鱼游来，小牧鱼就游到巨伞下的触手中间去，当作一个安全的"避难所"，利用水母刺细胞的装置，巧妙地躲过了敌害的进攻。有时，小牧鱼甚至还能将大鱼引诱到水母的狩猎范围内使其丧命，这样还可以吃到水母吃剩的零渣碎片。那么，水母触手上的刺细胞为什么不伤害小牧鱼呢？这是因为小牧鱼行动灵活，能够巧妙地避开毒丝，不易受到伤害，只是偶然也有不慎死于毒丝下的。水母和小牧鱼共生一起，相互为用，水母"保护"了小牧鱼，而小牧鱼又吞掉了在水母身上栖息的小生物。

水母的爆发，有些地方可能是过度捕捞令水母天敌减少所致，但从全世界范围来说，一些地区并没有过度捕捞，如白令海地区，气候很冷，并不是渔业资源发达的地区，也存在着水母爆发的迹象。

为了弄清水母爆发还有哪些因素，课题组建立了一个可以控制和模拟海洋环境的实验室，并挑选出在全球海洋分布最广的水母——海月水母作为第一批样本进行饲养和观察。

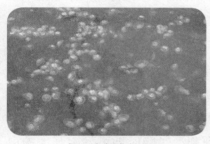
水母爆发的水面

海月水母拥有四个环状的胃，在伞部下面和胃对应的地方就是生殖腺。通常，一对雄水母和雌水母可以排出十万个精子和卵子，在水中受精后，受精卵便沉到海底，找坚硬的东西附着下来，发育成水螅体。水螅体只有两毫米大小，虽然是幼体，但在显微镜下，发现水螅体的捕食能力很强，它可以把一个卤虫直接抓到它的嘴里去。据有关调查显示，整个水域中70%的浮游动物都被它消耗掉。这样对鱼类的饵料、对海洋整体生态平衡影响很大。

水母没有大脑，不知饥饱，一生都在进食，这些食物通常都是以浮游生物为主，也有小鱼小虾，甚至还有同类。

26. 我是电鳗，但我只电别人不电自己

妈妈，电鳗真的会放电吗？
爸爸，为什么电鳗不会电到自己呢？还有什么动物会放电呢？

电鳗与普通鳗鱼的体型非常相似，长可达两米多，体重可达二十多千克。生活在南美洲亚马逊河及奥里诺科河。电鳗不是真正的

电鳗

鳗类，它们行动迟缓，栖息在缓流的淡水水体中，并不时上浮水面，吞入空气，进行呼吸。

电鳗是鱼类中放电能力最强的淡水鱼类，有水中的"高压线"之称。电鳗体内有一些细胞就像小型的叠层电池，当被神经信号所激励时，能陡然使离子流通过它的细胞膜。电鳗体内从头到尾都有这样的细胞，就像许多叠在一起的叠层电池。当产生电流时，所有这些电池都串联起来，这样在电鳗的头和尾之间就产生了很高的电压。许多这样的电池组又并联起来，这样就能在体外产生足够大的电流。用这些电流足以将它的猎物或天敌击晕或击毙。淡水里的电鱼需要更多的电池串联在一起，因为淡水的电阻较大，产生同样的电流需要更高的电压。

电鳐

电鳗的发电器分布在身体两侧的肌肉内，身体的尾端为正极，头部为负极，电流是从尾部流向头部。当电鳗的头和尾触及敌体，或受到刺激影响时即可发生强大的电流。电鳗的放电主要是出于生存的需要。因为电鳗要捕获其他鱼类和水生生物，放电就是获取猎物的一种手段。它所释放的电量，能够轻而易举地把比它小的动物击死，有时还会击毙比它大的动物，如正在河里涉水的马和游泳的牛也会被电鳗击昏。

世界上已知的发电鱼类达数十种，其他会放电的鱼类还有电鲶、电鳐等。

电鳗的放电特性启发人们发明和创造了能贮存电的电池。

电鳗捕食的时候，首先悄悄地游近鱼群，然后可连续放出电流，受到电击的鱼马上晕厥过去，身体僵直，于是，电鳗乘机吞食它们。电鳗放电后要经过一段时间休息和补充丰富的食物后，才能恢复原有的放电强度。南美洲土著居民们利用这一特点，捕捞电鳗时先把牲畜赶到水中，使电鳗放电，等到它们把电量消耗掉，再进行捕捞，这样做可以避免渔民被击伤。

趣味故事

为什么电鳗电不着自己？

电鳗内部有许多所谓的生物电池串联及并联在一起，所以，虽然电鳗的头尾电位差可以高达750伏，但因为生物电池的并联（一共约140行左右）把电流分散掉，实际上，通过每个行的电流跟它电鱼时所放出的电流相对之下小的多，所以，它才不会电鱼时把自己也给电死了。

我们知道电流会由电阻最小的通路经过，所以，在水中放电时，电流会经由水传递，电鳗并不会电到自已。但如果电鳗被抓到空气中，因空气的电阻比它身体的电阻更大，放电的话就会电到自已了。另外，如果电鳗受伤使两侧的绝缘体同时破损的话，放电时就会像两条裸露的电线一样发生短路的现象。

研究电鱼，还可以给人们带来很多好处。世界上最早、最简单的电池——伏打电池，就是19世纪初意大利物理学家伏打，受电鳗发电器里的胶状物的启发而设计出来的。

早在古希腊和罗马时代，医生们常常把病人放到电鳗身上，或者让病人去碰一下正在池中放电的电鳗，利用电鳗放电来治疗风湿症和癫狂症等病。就是到了今天，在法国和意大利沿海，还可能看到一些患有风湿病的老年人，正在退潮后的海滩上寻找电鳗，当做自己的"医生"。人们一旦能成功地模仿电鱼的电器官在海水中发出电来，那么，船舶和潜水艇的动力问题便能得到很好的解决了。

科学统计

电鳗可以放出50安培的电流，电压达60~80伏，放电频率每秒可达300个脉冲，有海中"活电站"之称。电鳗每秒能放电50次，但连续放电后，电流逐渐减弱，10~15秒后完全消失，休息一会儿后又能重新恢复放电能力。

电鳗放电时的平均电压为350多伏，但也有过650伏的放电记录。美洲电鳗的最大电压竟达800多伏，这么强的电压足以击死一头牛。

27. 我的肚里有"墨水"，我是乌贼

你们知道吗

妈妈，为什么墨鱼被称作乌贼呢？
爸爸，乌贼喷出的黑水能不能拿来写字呢？

由来历史

乌贼本名乌鲗，又称花枝、墨斗鱼或墨鱼，并不属于鱼类，按照生物学家分类，它与蚌、螺、蜗牛同属于贝类。

乌贼头部腹面的漏斗，不仅是生殖、排泄、墨汁的出口，也是乌贼重要的运动器官。在长期的演化过程中，乌贼的贝壳逐渐退化而完全被埋在皮肤里面，功能也由原来的保护转为支持。其皮肤中有色素小囊，会随"情绪"的变化而改变颜色和大小。

乌贼

人们给乌贼起了一个很有意思的绰号，就是海里的"天然火箭"。

乌贼不但能够游泳，而且游起来比一般鱼类都要快！据专家们测定，一条小乌贼在海中快速前进的时候，每秒可以达到150米以上，这比起一些小电船还快得多。

为什么乌贼能游得这样快呢？原来，它们的远祖也像蚌、螺、蜗牛一样，有一个外壳，保护着它的软体。但在海里生活，这个沉重的壳是相当不便的。

为了适应生存，这种壳便日渐退化，被包在体内的一层外套膜里（这就成了乌贼的骨）。就乌贼的生理组织而言，最奇妙的便是这个外套膜，它薄得像玻璃纸一样，边缘是张开的，可以吸进海水。当乌贼游泳时，它便饱吸了海水，将套膜紧闭，然后用软骨压迫套膜，使海水从头部的漏斗中喷射出去。

这种喷射的力量是很大的。当水向后喷出，乌贼的身体便被推着向前。这原理正像今天火箭的道理一样。它能游得这样快，便是利用了这种反向动力；而不是依靠身体的其他部分活动，才像鱼类那么游泳的。

乌贼有一套施放"烟幕"的绝技。乌贼体内有一个墨囊，囊内储藏着能分泌天然墨汁的墨腺。平时，它遨游在大海里专门吃小鱼小虾，在遇到强敌时乌贼就立刻从墨囊里喷出一股墨汁，把周围的海水染成一片黑色，使敌害顿时看不见它，就在这黑色烟幕的掩护下，它便逃之夭夭了。而且喷出的这种墨汁还含有毒素，可以用来麻痹敌害，使敌害无法再去追赶它。但乌贼墨囊里积贮一囊墨汁需要相当长的时间。所以，乌贼不到十分危急之时是不会轻易施放墨汁的。

人类受到乌贼的启发，在陆战中作战双方常常利用发烟罐、发烟手榴弹放出浓烟来掩护步兵和坦克前进。有时候，也在敌人进攻的方向上施放烟幕，使己方在烟幕的掩护下顺利转移。在海战时，甚至利用烟幕把一艘上万吨级的战舰掩蔽起来。现在，造出的烟幕不只是化学燃烧放出的浓烟，为了达到反雷达和反红外探测器的效果，人们还造出了具有特种功能的烟幕，使对方无法判定哪个是真正的目标。人们还在其他很多场合使用烟幕。如果将各种奇妙的物质配制成特种颜料，把这些颜料加到放烟器中，就可以发出各种不同颜色的烟幕。这种彩色的烟幕可以作为电影或舞台上的焰火，使场景更加丰富多彩。

巨型乌贼长着一对极长的触须，可达到身体总长度的2/3。它很少在浅海露面，当浮出水面时不是已经死亡就是奄奄一息。全世界至今只有250多个残缺样本可供研究。它究竟住在何处，如何生活，如何觅食和繁殖，科学文献上至今仍是空白。

巨大的大王乌贼

科学家解剖巨型乌贼的尸体后推测出，巨型乌贼的的眼睛已经适应深海的黑暗环境，浮出海面时会因为强光而致盲，这就注定了它只能过"见不得光"的生活。

大王乌贼生活在太平洋、大西洋的深海水域，性情极为凶猛，以鱼类和无脊椎动物为食，并能与巨鲸搏斗。国外常有大王乌贼与抹香鲸搏斗的报道。据记载，有一次人们目睹了一只大王乌贼用它粗壮的角手和吸盘死死缠住抹香鲸，抹香鲸则拼出全身力气咬住大王乌贼的尾部。两个海中巨兽猛烈翻滚，搅得浊浪冲天，后来又双双沉入水底，不知所终。

玻璃乌贼

玻璃乌贼的外套膜看起来就像人们跳波尔卡时穿着的舞裙，上面漂亮的圆斑点让这种玻璃乌贼看起来有点像卡通片里的形象，也为这漆黑阴暗的深海环境平添了一点亮色。

还有一种体形很小的萤乌贼会发光，腹面有

三个发光器，有的眼睛周围还有一个。它发出的光可以照亮30厘米远。当它遇到天敌时，便射出强烈的光，把天敌吓得仓皇而逃。

聚集在海边的荧乌贼

相传以前有一个人借钱后用乌贼的墨汁写下了借条，当时看着字迹非常鲜亮。过了几年，这个人还没有还钱，于是，债主拿着借条去要债。但借条上的文字已经完全褪色了，债主便认为是有乌黑色墨水的贼偷了他的钱。于是，人们便开始叫这种动物"乌贼"了。

科学统计

最大的大王乌贼能长到21米甚至更长，重达2~3吨，可以成为世界上最大的无脊椎动物。雏乌贼是世界上最小的乌贼，身长不超过1.5厘米，和一颗花生的大小差不多，体重只有0.1克。

乌贼的喷射能力就像火箭发射一样，它可以使乌贼从深海中跃起，跳出水面高达7~10米。乌贼的身体就像炮弹一样，能够在空中飞行50米左右。乌贼在海水中游泳的速度通常可以达到每秒15米以上，最大时速可以达到150千米。

28. 谁说没有内脏不能活，我是海参

你们知道吗

妈妈，你知道海参到底是什么样的吗？
爸爸，为什么海参没有内脏也能活下去啊？

海参美食

鲍鱼

由来历史

海参又名刺参、海鼠、海瓜，是一种名贵海产动物，因补益作用类似人参而得名。海参主要以海底有机物质和微小动植物为饵料，吞食海底部的泥沙，吸食其中的有机物，然后排出干净的泥沙及不能消化的物质。解剖海参后会发现海参肠子里全是泥沙。海参体内含有锌、硒、钙、

铁、镁等大量有益微量元素，是典型的高蛋白、低脂肪食物，是海味"八珍"之一，与燕窝、鲍鱼、鱼翅齐名。

海参的生命力极强，即使在地冻天寒的环境下，也能身处冰冻之中亦无所畏惧，在冰块融化后仍安然无恙。只要温度稍高，海参就难以忍受，当水温超过30℃时会集体自杀。

海带

可以说每个活海参的颜色都不一样，海参因其生活环境不同而体色有所差异。生活在岩礁附近的海参为淡蓝色，而居在海带、海草中的海参则为绿色。

海参深居海底，不会游泳，只是用管足和肌肉的伸缩在海底蠕动爬行。当海参遇到敌害的进攻无法脱身时，会警觉、迅速地把自己体内的五脏六腑一股脑喷射出来，让对方吃掉，而自身则借助排脏的反冲力，逃得无影无踪。失去内脏后的海参，经过几个星期的生长，体内会重新长出内脏。

海参善于伪装，它的肤色和环境类似；同时，它依靠排出内脏迷惑天敌与强大的再生能力来维持生存。只要水温和水质适宜，即使海参被切除一半或被天敌吃掉一半，海参也可以在几个月后重新长出全部身体，但前提是剩下的一半必须有头部或肛门，因为生长细胞集中于这两个部位。当风暴即将来临之际，海参就躲到石缝里藏匿起来，当渔民发觉海底不见海参时，便知风雨即将来临，赶紧收网返航。

海参还有一种特异的现象，当它离开海水后，很快会自动分泌出一种自溶酶，几个小时后便自行化作一滩水而消失，不会像其他动物那样腐变产生难闻的异味。苍蝇可以说是无孔不入，海参虽然很腥但从不招苍蝇。猫是最喜欢腥味食物的，但从不搭理海参，海参是真正的"猫不闻"。

梅花参

趣味故事

海参在环境恶化情况下，常把身体自动切成数段。当海参切成两段放在海里，每段仍能长成一个完整的个体。这种现象，人们称它为"再生"。

梅花参的体腔还是个高级"旅馆"，经常留住"旅客"，在梅花参体腔内寄居着一种鱼类——"隐鱼"，它以尾部先行，进住其体腔内，且常常是雌雄同居一体，"夫妻"共进"洞房"。

科学统计

据资料记载，全世界约有一千一百多种海参，中国约有一百四十多种，绝大多数海参不能食用。据统计，全世界有40种可食用海参。中国可食用海参占一半，达20种。海参移动极为缓慢，每小时仅能移动3米，生活空间基本就在3平方米以内。一只海参每年吞吐泥沙量约为36.9升。刺参在—60℃冷冻中仍然能存

食用海参

活，而在水温低于3℃时停止摄食，水温高于19℃~20℃时进入"夏眠"期，一年生长期仅半年左右，因此生长缓慢，所以一般从稚参到成参要3年时间。

29. 我是鲸，不是鱼

鲸鱼

你们知道吗

妈妈，鲸鱼是鱼吗？

爸爸，鲸鱼生活在水里，但它们居然是哺乳动物？鲸鱼有哪几种呢？

由来历史

鲸的拉丁学名是由希腊语中的"海怪"一词衍生的，由此可见古人对这类栖息在海洋中的庞然大物所具有的敬畏之情。其实，鲸的体形差异很大，小型的体长1米左右，最大则可达25米左右；最重的可达170吨左右，最轻的只有2000千克左右。

鲸属于哺乳动物，是胎生，一般每胎产一仔，两年一胎。幼仔靠母体的乳汁哺育长大。鲸的体温是恒定的，平均为35.5℃，无论在冷水域或热带海区都维持这一体温。鲸用肺呼吸，需经常浮出水面换气。

鲸鱼中的大部分种类生活在海洋中，仅有少数种类栖息在淡水环境中。不管是南极附近海域或北冰洋，也不管是赤道水域或沿岸海区，都可以是它们的活动疆域，都有它们的踪影。尽管茫茫海洋，浩瀚无垠，但它们既能捕到食物，又能找到同伴。它们是海洋里最优

露在水面的鲸鱼尾巴

秀的游泳能手之一，在风平浪静时，它们固然可以悠悠荡游，波涛汹涌时，也仍然犹如闲庭信步。它们可以跃出水面"眺望"冉冉升起的红日，也可以遨游千米水底，去探察深海的奥妙，载沉载浮，出没自如。

鲸的眼睛都很小，没有泪腺和瞬膜，视力较差。没有外耳壳，外耳道也很细，但听觉却十分灵敏，而且能感受超声波，靠回声定位来寻找食物、联系同伴或逃避敌害。肾脏大多为瘤状。雄性的睾丸位于腹腔内。雌性在水中产仔和哺乳，子宫为双角形，有一对乳房，位于生殖裂两侧的乳沟内，有细长的乳头，乳汁中含有丰富的钙、磷和大量的脂肪。幼仔在胚胎期间都具有牙齿，但须鲸类的牙齿到出生的时候则被须所取代，齿鲸类的牙齿则将终生保留。

当鲸呼吸时，就需要游到水面上来，这时鲸是利用头上的喷水孔来呼吸，呼气时，空气中的湿气会凝结而形成我们所熟悉的喷泉状。专家们甚至可以从喷水的高度、宽度及角度，来辨识鲸的种类呢！鲸的种类很多，大致分成齿鲸和须鲸两大类。

鲸是群集动物，通常成群结队。

趣味故事

我国古人在给它起名字时，连鲸字本身也有一个鱼字偏旁。国外也有类似之处，如德语把鲸叫巨大的鱼。一直到16~17世纪的一些自然科学书籍上，都是把鲸当鱼看待，和鱼放在一起记载的。

其实，鲸虽然外表像鱼，但并不是鱼。这与蝙蝠像鸟但并不是鸟，也是一类真正的哺乳动物的情况相似。

鲸有许多和鱼类极不相同的特性，例如一般鱼类是左右摆动尾鳍来使身体前进，而鲸却是以上下摆动尾鳍的方式前进。它们利用前端的鳍状肢来保持身

体平衡及控制方向，有些鲸背部的上端还有能保持身体垂直的鳍呢！鲸和鱼最大的区别是鲸和人一样有鼻孔，用肺来呼吸，而鱼类是用鳃呼吸的；鲸的皮肤很光滑，没有鳞片，鱼类一般都长着鳞片；鲸是温血动物，鱼是冷血动物；鱼是卵生的，鲸直接生下幼鲸来；母鲸在肚子下面有两个乳房，幼鲸靠吃妈妈的奶长大，它们饿了的时候，就用嘴去擦妈妈的乳房，母鲸用强力将乳汁直接喷到幼鲸的嘴里。

鲸和鱼在外形上的相似，是由于它们长期共处于一个相同的生活环境中而形成的，是一种"趋同现象"。

科学统计

鲸的外鼻孔有1～2个，位于头顶，俗称喷气孔，一般鼻孔位置越靠后者进化程度越高。鲸用肺呼吸，左右各有一叶肺，其中有许多毛细血管，富有弹性，能有助于氧的流通，适应在水面上进行的气体交换，每隔一段时间需要浮出水面来进行换气，也能潜水较长时间。肋骨有10～20对。胃分为4个室。

须鲸

须鲸类动物的体形巨大，最小的种类体长也大于6米。口中上颌左右两侧各生有150～400枚呈梳齿状排列的角质须。须鲸类在全世界有露脊鲸科、灰鲸科和长须鲸科等3个科。它喷出的水柱是垂直的，又细又高。

齿鲸类的体形变异比较大，最小的种类体长仅有1米左右，最大也在16米以上。齿鲸类在全世界共有河豚科、抹香鲸科、剑吻鲸科、一角鲸科、尖嘴海豚科、鼠海豚科、海豚科和领航鲸科等8个科。它喷出的水柱是倾斜的，又矮又粗。

抹香鲸

30. 求偶，动物也会谈恋爱

你们知道吗

妈妈，动物也会谈恋爱吗？

爸爸，动物是怎么求偶的呢？它们有什么独特的求偶方式吗？

由来历史

野生动物进入繁殖季节，多以雄性争偶的活动拉开序幕，取胜的雄性占得交配权。所以，每到动物交配期，在争夺雌性时，往往发生搏斗，直至一方败退为止。每当大地回春时，雄鹿就在雌鹿群前寻找"意中人"，它引颈长鸣，来回奔跑，表现自己的英俊和勇敢。当双雄相遇时，为了争夺雌鹿而发生搏斗，即便是同母同胎的"亲兄弟"也决不相让，有时双雄因武艺高超和体力相当，搏斗得则更为激烈，不到一方"阵亡"，决不罢休。

每年2～3月间雄鹿角脱落，而后再长出新角。初生的角内部充满血，外表皮茸柔软，7月后逐渐骨化。到8月份，角完全长好了，雄鹿主要靠它来与同类争夺异性。从8月下旬开始发情，追逐旺季在9月中旬，于10月结束，一般雌鹿比雄鹿晚一周左右发情。发情的雄鹿异常兴奋，毛被蓬松，角膜充血，多在早晨和黄昏发出吼叫，经常在树干上磨角，将树皮擦掉，使树干上留下许多坑痕，有时还用角豁地，翻起10厘米高的泥土。这时它们的嗅觉也格外灵敏，能够在3千米外根据气味得知雌鹿的存在，并且立即心急火燎地赶来，挥舞头角，发出一阵阵向雌鹿求爱的"噢噢"叫声，或者像牛叫一样的"哞哞"的鼻声，雌鹿的叫声则比较低沉。当雌鹿排尿时，雄鹿立即前去舔食或闻味，有时还用嘴去接，然后高高地伸直颈部，扬起头部，上唇噘起外翻，偶尔也随着雌鹿一起排尿。如果当时有其他的雄鹿同时向雌鹿靠拢，就会互相用巨大的角去拦阻，并大声咆哮，于是，一场激烈而壮观的格斗便在所难免。两只雄鹿先是彼此虎视眈眈，继而用巨大的角猛烈地向"情敌"出击，发出"劈啪劈啪"的击角声。

在一般情况下，当一方被击败后，就会知趣地离开，但有时双方势均力敌，难免使其中一方受到伤害。如果这种角击经久不息，使双方巨大而复杂的角像绞链一样扭在一起无法脱离，时间一长，还可能会由于饥饿和疲劳而同归于尽。雌鹿选择获胜的雄鹿进行交配，一般在林中的隐蔽处进行，时间非常短暂，从爬跨到交配完毕只需要几秒钟。交配之后就变得很安静，雄鹿将颈部搭在雌鹿的颈部上，不断地左右摩擦，显得格外亲近。与其他鹿类不同，一只获胜的雄鹿一般仅与1～2只雌鹿交配。

每当春季天气转暖时，海象开始大迁徙，也将要进入交配期。

海象为争得一席之地争斗着，为着捍卫交配权开始了不屈不挠的抗争。它们在交配季节里争风吃醋，为争夺情侣互相残杀，有的丧命或者大多数留下累累伤痕。性急的雄海象抢先占领了最有利的位置，雌海象一批一批地来到。只要是占据了最平坦最好位置的雄海象一定是身强力壮的，当然也最适合于交配了。

趣味故事

角马的集群大交配是以一只只占据了地盘的雄角马来控制的。雄角马在大草原上画出了许多界线，然后以一只为首领，集结大量的雌角马在一道，准备逐个交配。贪多的雄角马还在不停地奔忙，劝诱并圈占住已归属自己名下的"妻子"，追逐着尚无"夫君"的母角马，激烈的争斗又一次展开，一些体单力弱的雄角马再次失去交配权。角马的圈占领地政策客观上是一次优胜劣汰的筛选，这是庞大的角马群得以保持优生以及种族繁衍的一大法宝。

雄角马在繁殖季节十分好斗，一发现别的雄角马侵入自己的领土，它就会嗖嗖地抖动尾巴，跑上前去迎战。雌角马对于外来的雄角马并不敌视，甚至还会低垂下耳朵，蹲下腿来，摆出准备接受交配的姿态。而雄角马则剑拔弩张，低下脑袋，挺起犄角，气势汹汹地顶撞过去。两头雄角马就会乒乒乓乓地顶起角来，一边撞击，一边绕着圆圈，斗着斗着，一头角马会突然前腿跪下，另一头见了，也回跪下来，它们脑袋对着脑袋，跪在地上，死死地抵着顶着，这样奇特的角斗姿态会持续好长一段时间。

夜晚是角马发情交配的时间。壮年雄角马忙着在众多"妻妾"之间交配，常常累得口吐白沫。年轻雄角马则没有自己的"妻妾"，它们偷偷溜进雌角马群交配。雌角马受孕的时间大多相近，这就是它们在短时期内同时产犊的谜底。

角马的配偶形式是一雄多雌，一头成熟的雄角马可以拥有20头以上的雌角马，雌角马又各自带着它们的小犊，这样形成一个一个的角马"家庭"。

无论是动物还是植物，有性繁殖是一种最普遍的繁殖方式，这对物种进化和延续有益处。现存150余万种生物中，从细菌到高等动植物能进行有性生殖的种类占98%以上。

31. 企鹅、海马，动物世界的"模范爸爸"

你们知道吗

妈妈，动物界有好妈妈，也有好爸爸吗？

爸爸，动物界的好爸爸有哪些呢？它们都是什么样的呢？

由来历史

成功孵化一只小企鹅是雌企鹅和雄企鹅的共同卓越成就。

每年的3～4月期间，在零下40℃的南极洲，雌性企鹅一个月体内储存的能量消耗殆尽，摇摇摆摆走119千米到海岸边觅食，照顾蛋的工作交由雄企鹅负责。雄企鹅照料尚未出世的儿女非常用心，走路小心翼翼，左右脚交替挪动，轻轻踏地，生怕蛋会跌落下来受伤。为了蛋的安全，它几十天不吃东西，坚守岗位。雌企鹅觅食回来后从雄企鹅身上接过蛋，亲自孵化。交接蛋的仪式是非常庄严的：雄企鹅与雌企鹅面对面地站立，脚尖碰着脚尖，雄企鹅用嘴巴将蛋推向脚背，蛋立即转移到雌企鹅的脚背上，雌企鹅再用肚皮下面的皮褶把它包盖上。

雄企鹅在雌性企鹅接班后，马上便出海觅取食物，回来喂养小企鹅。

趣味故事

如果在海洋动物家族中望"名"生义的话，一定会闹出许多笑话来，因为有一些海洋动物是"名不副实"的，海马就是其中一例。海马不是马，而是一种生活在水中的动物。之所以称它为海马，只不过它有一个与马相似的头而已。

鱼类在游泳时，总是头朝前尾朝后的，但海马却是将身子垂直在水中，

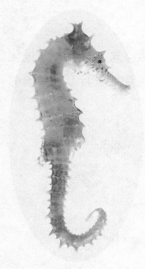

海马

头朝上尾在下作直立游泳的。这是因为海马的尾巴又细又长，而且容易卷起来，这样它就可以用尾巴钩住海草，并借助鳍的力量站在水中了。这多少给海马带来一些不便，以至于影响了它们的捕食能力，但海马的"忍功"可谓极好，它们就算是几个月不吃东西也不会饿死。海马的行动非常缓慢，为了躲避敌人，它是绝不轻易暴露自己的身份的。海马生活在藻类丰富的海湾中，它的体色能随环境色的变化而变化，保护色和拟态使它们看起来像海草，从而躲避猎食者的捕获。

从外表上看，海马显得那么脆弱，但它们的防御本领却非常强。因为海马全身覆盖着一层坚硬的骨板，就像是一名铁甲战士，足以防御饥饿的敌人。再加上它"巧妙的变身"，可以使它的生命安稳地躲过敌人的追捕。

在繁殖后代的责任面前，海马家族显得与众不同，这个"重担"落在了雄性海马的身上。因为雄性海马的腹部有一个类似雌性袋鼠的育儿袋，袋壁中布满大量血管，可以为"胎儿"供应足够的营养。

在每年谷雨过后，雄性海马的育儿袋逐渐变厚变大，雌性海马就将成熟的卵一粒一粒地产在雄性海马的育儿袋中，直到盛满为止。与此同时，海马爸爸也排出精子，使卵在育儿袋中受精。

当幼小的小海马遇到危险的时候，雄性海马的育儿袋又成了海马宝宝们最好的避风港。雄性海马把自己一生的有限时间和有限能量都用在了小海马的生存上，这种牺牲自我、保存后代的父爱在海马身上表现得十分突出。

小海马

科学统计

全世界目前已知的企鹅共有18种，南极与亚南极地区约有8种企鹅，占有

企鹅

南极地区85%的海鸟数量。其中，非洲企鹅是一种较为珍贵的企鹅品种，20世纪时，非洲企鹅约有150万只，由于人类的掠取、海洋污染等因素，到20世纪末非洲企鹅的数量已锐减了90%，目前仍在继续减少。

企鹅通常寿命很长，比如帝王企鹅可达20～30岁。小蓝企鹅身高只有43厘米，体重约为1千克。

企鹅羽毛密度比同一体型的鸟类大3～4倍，这些羽毛不但海水难以浸透，零下近100℃的低温也攻

小蓝企鹅

不破这个保温层。

32. 动物世界的"好妈妈"——海豹、猩猩、八爪鱼

妈妈，动物界中有哪些称职的好妈妈呢？
爸爸，原来做妈妈这么辛苦啊？那些动物妈妈真的好伟大啊！

由来历史

雌海豹生育孩子面临大量不定因素、危险和辛劳。海豹在每年3月份后的

北极熊

短短两周的时间里进行交配，精子挂在子宫壁上等着，等待一种神秘"讯号"，一旦讯号来临就与卵子结合而成受精卵，每年6月的同一天胚胎形成和发育。

在3月的浮冰上，雌海豹产下幼崽，从这一刻到之后的12天要不断哺乳。小海豹每天吃奶10次以上，体重每天增长2.5千

克，而雌海豹在这12天期间却不吃不喝，体重每天要减少3.5千克。除了坚持喂奶之外，雌海豹还有守卫的职责，遇到北极熊或偷猎者时，要将小海豹藏在肚皮

下面，逃过一劫。到了12天时，小海豹长到38千克时换了胎毛，雌海豹就独自走了。雌海豹要为下一年的繁殖做准备，一只雌海豹一生至少生育20个孩子。

红毛猩猩可以说是猩猩家族中最负责的母亲，幼子在母亲身边要待6～7年。小红毛猩猩在3岁之前挂在妈妈身上，寸步不离，3岁之后能自由活动，依然和妈妈生活在一起。红毛猩猩每天都要在树上新建一个窝，每天傍晚都要花费相当多的时间收集树枝和树叶，在树顶造一个新窝睡觉。

巨型八爪鱼的母爱令人动容。一只雌性巨型八爪鱼一生的唯一目的就是成功抚育一窝卵，为此它通常要牺牲性命。产卵期的雌性巨型八爪鱼会在躲藏处产下20万个卵，然后不惜任何代价保护它们。卵的孵化期为一个月，其间雌性巨型八爪鱼不能外出捕食，导致饥饿濒死，很多时候必须吞掉自己的一只或者两只触角以维持生命。

八爪鱼

等到雌性巨型八爪鱼可以外出觅食时，已虚弱到连游动的力气都快没有了，很快就成为其他猎食者的晚餐。

非洲象是陆地上最大的哺乳动物，也是怀孕期最长的哺乳动物，是难熬的。母象的怀孕期22个月，产后还有4～6年的哺乳期。

母蜜蜂一旦被选择为蜂后，要在温暖的一天和12～15只工蜂交配，产生的受精卵足够使用2～7年。之后每年春季的每一天，蜂后的任务就是产卵，每天超过2000个。

非洲象

猫鼬

生活在沙漠的猫鼬一年产3窝子，每窝幼崽平均是4个（最常见的是3个，有时多达5个）。这意味着一只猫鼬妈妈一年就可能有14～20个孩子。一生12～14年中，一只雌性猫鼬要照顾上百个自己亲生或者不是亲生的孩子。

红毛猩猩拉特

红毛猩猩是人类近亲之一，与人类基因相似度达96.4%。红毛猩猩温驯、聪明有趣、喜恶作剧，被誉为动物界的攀爬专家。

一般人认为，雄性红毛猩猩在发情时与雌性红毛猩猩交配，交配完后就不理会，由母猩猩单独抚养小猩猩长大。有趣的是：一只红毛猩猩，因为思念怀孕暂别的妻子而患上抑郁情绪。

2008年9月，红毛猩猩培培来到云南野生动物园。动物园为了不让培培孤单，又引进了红毛猩猩拉特。2011年2月，确认拉特怀孕。动物园工作人员为防止再次交配导致流产，将它们强制暂时分开。分开后，培培开始出现一系列"抑郁"行为：培培不愿出门、不愿吃饭、不理会饲养员，勉强出门以后就守候在拉特房前不愿回家。

心理咨询人员认为人在失恋或者相思时，听情歌可以把想念之情释放出来。针对培培情绪低落、烦躁的情况，可通过多听富含感情的音乐来舒缓情绪。

科学统计

全球海豹共有18种，北极地区分布有7种，南极地区生活着4种。海豹的游泳本领很强，速度可达每小时27千米，善于潜水，南极地区的威德尔海豹能潜到600多米深，持续43分钟。海豹的食量很大，一头重达60~70千克的海豹，一天要吃7~8千克鱼。

海豹

红毛猩猩

由于森林面积和非法捕猎，据称全世界目前仅存5～6万只红毛猩猩，而超过3/4居住在苏门达腊和婆罗洲岛上。

33. 不称职的"动物妈妈"大罗列

你们知道吗

妈妈，动物中有哪些很不称职的母亲呢？

爸爸，这些动物为什么会抛弃自己的孩子呢？是什么原因让它们吃掉自己的宝宝呢？

由来历史

埋葬虫

在动物世界中，很多母亲表现出残忍和可怕的一面，似乎无法与"伟大"二字联系在一起。包括黑鹰、野兔、埋葬虫和大熊猫在内"不称职"的母亲纷纷榜上有名。

埋葬虫妈妈绝对是动物世界"坏母亲"的典范，在一场致命的"抢座位"游戏中，它们会残忍地吃掉自己的亲生骨肉。通常情况下，埋葬虫幼虫会爬进父母埋葬的死老鼠体内。母亲会用反刍的方式喂食孩子老鼠肉。

埋葬虫母亲要在幼虫中间做出选择，幸运的可以得到食物，不幸的便被自己吃掉。通常情况下，埋葬虫繁育的幼虫数量超过老鼠肉所能满足的数量。这种吃掉亲骨肉的策略能够提高幼虫的整体存活率，是一种不得已的做法。

大熊猫

大熊猫也是动物世界中的最差母亲之一，它们有时会孕育两个宝宝，但极少全部抚养。它们的第二个孩子无依无靠，体型只有一块黄油那么大，通常被弃之荒野，任由自生自灭。

"受宠"的长子一天天长大，耗费了母亲大部分精力，每天都要吃大量竹子。在彻底断奶前的八九个月，大熊猫妈妈可能无法同时喂饱两个孩子。

仓鼠

尽管长得惹人喜爱，仓鼠妈妈也会残忍地吃掉亲生骨肉。动物学家认为仓鼠妈妈需要采取这种残忍的方式，将幼仔数量控制在自己抚养能力之内。

黑鹰妈妈不会阻止孩子间的争斗，尽管这种斗争往往导致丧命的惨剧发生。黑鹰巢穴内会爆发"暴力冲突"，父母只会袖手旁观，任由年长的孩子杀死弟弟妹妹。

这种骨肉相残看似残忍，但在很多鸟类身上均较为常见。幼仔间的争斗可能帮助食物资源实现合理分配，确保身体最健壮的孩子存活下来。黑鹰妈妈关注的并不是某一个孩子，而是整个家庭的繁衍生息。

趣味故事

对于抛弃亲骨肉的行为，鸊鷉妈妈也是动物世界中的最差妈妈之一。

鸊鷉妈妈使用腐烂的植物建造漂浮的巢穴，与"老公"一起孵化两枚蛋，直到其中一个孩子出生。一旦长子出生，鸊鷉父母便带着它离开巢穴，任由幼子自生自灭。它们只把精力放在长子身上。鸊鷉这么做就是为了保险起见，即使长子出问题，至少也有一个孩子存活下来。大型捕食性鸟类往往采用这种方式。

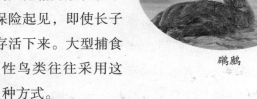

鸊鷉

长尾南蜥

如果长尾南蜥妈妈产了一窝蛋并且周围有很多捕食者，它们会在孩子孵化前将蛋吃掉。动物学家表示，这可能是不可避免的一种做法，它们要用这种方式让自己变得更强大，确保能够进行下一次繁殖。有人认为，长尾南蜥妈妈之所以这么做，是因为捕食者的存在让它的孩子没有任何活下去的可能，它只能选择吃掉蛋，实现营养的再循环。

幼兔出生后，野兔妈妈便将它们抛弃在窝里，在最初的25天，它们每天只在窝里待大约2分钟，给孩子喂食。在此之后，年幼的孩子就必须自食其力。兔子肉味道鲜美，捕食者尤其喜欢吃小兔子肉。为了保护孩子，野兔妈妈将它们藏在地下隐秘的兔子窝，让它们能够存活下来。虽然照顾孩子的时间十分有限，但却能够提高它们的存活率。

野兔

34. 雌雄同体动物知多少

你们知道吗

妈妈，原来世界上有雌雄同体的动物啊？

爸爸，有哪些雌雄同体的动物呢？那些雌雄同体的动物要怎样繁殖呢？

由来历史

一般鱼类都是雌雄异体，但有的鱼却同时具备卵巢和精巢，生物学上将此称为"性逆转"现象。

黄鳝鱼就是这样一种奇怪的鱼。它们从幼鳝到成鳝全是雌性的，有产卵的本领，可是产过1次卵后，卵巢就转化为精巢，变雌为雄，而永远不再产卵了。另外在海洋中还有一种红鲷鱼也有这种由雌变雄的本领，当鱼群中的雄鱼死后，雌鱼中便选出1条体大健壮的雌鱼发生奇妙的性突变而变成雄性鱼。

黄鳝鱼

据研究，黄鳝和红鲷的雌性体组织里都含有雄性的基因存在，当它们生长到一定程度或感受某种刺激时，便促使雄性基因增强活动能力，终于使性别发生突变。

北美洲沿海生长着一种有趣的大西洋扁贝，雄性扁贝在水底漫游，直到

大西洋扁贝

最后找到了合适的配偶。这时，它就伏在雌性扁贝的背上。没过多久，雄性扁贝就会失去生殖器而完全变成雌性扁贝。以后，另一只雄性扁贝又会伏到它的身上，再转化成雌性。这种交配过程形成一种塔状的扁贝链，下面一层层都是雌性，最顶上一层是雄性扁贝，这一结构会越筑越高。在水底四处游荡的全是雄性扁贝，而雌性扁贝则一天到晚一动不动地伏在水底。

相类似的海兔是生活在赤道和温带的沿海中的一种蜗牛，最大可长到30英寸。它们也是雌雄同体生物，进行群体交配：通常一只海兔身上趴着另一只海兔，后者身上又趴着另一只。有些观察者报道说，这种叠罗汉形式还会演变成环形。

生活在英国周围的扁蛎年复一年地轮流担任两性角色；然而生活在较为温暖的地中海中的扁蛎，却能在同一季节里同时承担雌雄两种角色。

海鲈是一种滋味十分鲜美的鱼，它也经历着完全变性过程——从成熟的雌性变为成熟的雄性。这一变性过程通常是在海鲈5岁时进行的。海鲈有一种亚种，叫做"带状沙鱼"，它们盛产于佛罗里达水域，这种鱼能够自体受精。

海鲈

海鞘的个头大小不一，小的不足1毫米，大的超过1英尺，它们小时候很像蝌蚪，长大了却像一株植物。海鞘也是一种雌雄同体生物，不过与其他该类生物不同：它可以通过普通的精子与卵子的结合而繁殖后代，但它也可通过"发芽"的方式来复制自己。不过，通过"发芽"而长出的第二代海鞘必须经过交配才能产生下一代，而这一代的海鞘又会"发芽"了。海鞘的"芽"同马铃薯的芽差不多，它们这种隔代无性繁殖的方式，使海鞘能够遍布全世界，却同时又使自己保持在很低的进化水平上。

此外，雌雄同体动物还有船蛆、蜗牛、肝蛭、匙蛆、海蛞蝓、陀螺等生物。

藤壶

成熟的藤壶也是雌雄同体生物，每只藤壶身上同时生长着雌雄两性的生殖器官。藤壶喜欢群居，仿佛这样才感到安全，但过分密集的群落又会使大量藤壶幼体夭折。有时藤壶密密麻麻地吸附在轮船的船身上，它把这个危机转嫁给了人类。为了适应这种头尾颠倒的生活方式，藤壶的卵巢是长在头上的。

藤壶之所以有这么一个有趣的名称，是因为它们孜孜不倦地为别的鱼清洁口腔和鳍。在这种鱼身上，大男子主义发展到了登峰造极的地步。一条雄鱼拥有"三房四妾"，这些雌鱼都不准离开雄鱼的活动水域，它们也不会团结起来反对这位蛮不讲理的"丈夫"。有时，一条雄鱼后跟着2~5条雌鱼，它们排成一长串，先后次序是严格按等级排列的。雄鱼死了，地位最高的那条雌鱼就成为这群鱼的首领，不出几天身上会自动长出雄性生殖器而变成一条真正的雄鱼，而剩下的雌鱼则成了它的妻妾。

在地球上生物进化的30余亿年中，前20余亿年生命停留在无性生殖阶段，进化迟缓，现今仍有2%的动物采用无性繁殖，种类分布在原生动物、腔肠动物、扁形动物、线形动物、环节动物、软体动物、节肢动物、两栖动物、爬行动物，包括有眼虫、草履虫、水螅、水母、海葵和珊瑚、涡虫、吸虫、绦虫、蛔虫、蚯蚓、蚂蟥、沙蚕、蜗牛等；还有细菌、真菌、病毒等微生物。

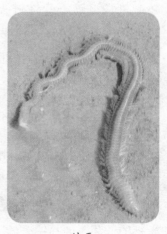

沙蚕